凱信企管

用對的方法充實自己，
讓人生變得更美好！

凱信企管

用對的方法充實自己，
讓人生變得更美好！

機智的
IDEA

育兒生活
指導手冊

資深兒童臨床心理師分享有智慧的教養建議，
用對話練習和親子遊戲，幫助大人教好孩子。

「他為什麼會這樣？」

面對眼前憂心忡忡的家長，比起專業的臨床分析，我更想給家長一個肯定的回應：「你已經盡力了！」我看到的不是一位舉手發問的學生，而是身心俱疲的人生，其描述的故事不僅是教養孩子的挫折，更多的是自己的生命故事，可能是童年如何在嚴厲的教養環境中生存、如何努力達成他人的期望、如何與伴侶的家庭諜對諜、如何面對婚姻的殘酷等等，看不清自己未來的方向及育兒路上的美好。

「我是不是做錯了？」

這句話是我與家長互動中，最常聽到的教養疑惑。當家長對孩子付出的越多，越容易增強這樣的感覺。我們也很希望有一個回答，可以讓一切教養疑惑豁然開朗、賦予教養者滿滿的正向能量，並讓孩子成為有為青年。這不是一個需要法官判案的議題，沒有辦法給出對錯的答案。但如果有足夠的時間去了解每個家庭的特質及其成員的獨特性，我們就有機會找出適合的教養策略。

「都試過了，沒有用！」

這是許多受教養苦難的家長心聲；即便是心理學家父母用盡所有心理學知識來關懷及教養孩子，仍然避不開孩子在

成長過程中的情緒與行為脫序，經常也需要立正站好，聽他人告訴你要怎麼教養孩子，但知識、信念與堅持，就像陽光、空氣和水，讓教養種子得以發芽茁壯。

我習慣在衡鑑室中為小伙伴們準備一些簡單的玩具，包括小汽車、玩偶、貼紙、積木、畫筆等等，不僅僅是為了讓他們打發無聊的等待時光，更愛偷偷觀察他們的反應：是否充滿好奇，還是呆望著玩具；是否會放棄打不開的玩具，還是主動求助；是否也正關注著大人們的一舉一動。孩子的遊戲像是一扇透明的窗戶，讓我窺視孩子的內心，當被孩子邀請遊戲，才是獲得入門的鑰匙。若有足夠時間讓我們思考與探索，有足夠的空間讓孩子成長與摸索，我相信仍有機會讓這些教養疑惑邁向豁然開朗的境地，讓教養信念開花結果。

我嘗試將許多家庭的互動故事進行分析及整理，結合多年來的兒童臨床經驗，催生出書中的各個單元，提供實用的教養技巧及創意親子遊戲，期待為教養者帶來思考及前進的動力，讓親子可在未來共同回憶這段美好的時光。教養的路途有點遙遠，風景並不總是這麼美麗，但路邊偶而出現的小花會讓我們知道，百花綻放的秀麗風光就在路的盡頭。

目錄

第4章　**最實用的教養技巧：幫助孩子的正向行為與情緒調節**
父母在教養上可以善用的工具與方法

第一章
教養從步入婚姻前開始

原生家庭的教養方式以及談戀愛時的衝動
承諾，都會影響日後孩子的教養，該怎麼
理清楚、看透澈？

性格——認識自己

教養的經驗往往是一代傳一代，小時候如何被教養，會影響你如何教養自己的小孩，有時候是經驗傳承，有時候是會反向操作，例如：被體罰長大的成人，有些會認同體罰有助於導正不良行為而繼續沿用，「我們都是被打大的，還不都好好的，不對就是要打」；有些則會經驗到體罰的無理，而避免使用體罰的方式教養孩子，「我才不要像我爸媽一樣，沒事就亂打小孩」。這裡要提醒的是，父母的教養方式通常與父母本身的性格及孩子的行為特質有關係，你的父母和你，及你和你的孩子未必是同一種特質組合，使用相同的教養方式未必會獲得相同的效果。從自己的性格來了解小時被教養的經驗，有助於思考老一輩的教養方式是否適合自己和自己的下一代。

（一）兒童時期的氣質表現與被教養的經驗

兒童氣質的分類方式有非常多種，其中較廣泛被應用的為美國的 A. Thomas 和 S. Chess（1967）所提出的九大氣質：活

動量、注意力、情緒強度、反應閾、規律性、持續度、趨避性、情緒本質及適應性。

✱ 活動量

　　活動量高的孩子相較於活動量低的孩子通常活力旺盛，喜歡用行動探索環境，喜歡動態的活動，有時會靜不下來，或是玩個不停；有時人來瘋，或是沒有注意到危險玩到受傷。這種活力用在運動盛事通常是皆大歡喜，但很多時候家長會需要孩子從事安靜的活動，或是沒有空閒的時間可以讓孩子消耗精力，就會在管教孩子「不要亂跑」、「不要亂碰」、「坐好」、「安靜」的叫喊中精疲力盡。若你是屬於童年活動量大的孩子，可能就在許多「禁止令」中度過，讓你有許多想做卻不能做的遺憾。

✱ 注意力

　　注意力容易分散的孩子，可能會因為經常忘東忘西，或是做事虎頭蛇尾，而被父母責備「事情都做一半」、「下次你再沒帶，我就不管你了」、「你動作快一點」，有些孩子可能會因此感到挫折、容易緊張，有些孩子則發展出「左耳進右耳出」的功力，樂於在自己的步調中慢活。若你是屬於童年注意力容易分散的孩子，可能就在許多「碎唸」中度過，讓你立誓將來不要做嘮叨的父母。

✱ 情緒強度

　　情緒強度強的孩子，通常會用較激烈的方式表達情緒，可能大聲吼叫或拳打腳踢來表示憤怒，有些父母可能會選用「以暴制暴」的方式，企圖讓孩子安靜下來，所以童年可能常有不問黑白就「被修理」的經驗，而較少被同理到內在情緒。好在隨著成長，我們學會情緒調節的技巧，總是會冷靜下來。若你的童年總在情緒風暴中，雖然你可以理解孩子的情緒，但當你面對孩子激烈的情緒時，壓力之下可能還是會顯得手足無措。

✱ 反應閾

　　有些孩子對外界刺激的變化較敏感，例如：怕吵、某些食物的味道、冷熱變化等等。這樣的孩子可能會常被父母或同儕認為「龜毛」、「挑剔」，有些父母為了訓練孩子對環境的彈性，可能會故意忽略孩子的敏感，而鼓勵（迫使）孩子去接受那些不喜歡的事物「都吃下去，不要挑剔，浪費食物」、「哪有這麼嚴重，忍一忍就好」。這些迫使接受的行為可能會讓你感到挫折，當成人自主後或許會較好一些，因能過自己喜歡的生活，但也可能會壓抑自己的喜好，避免被他人異樣對待。

✱ 規律性

　　有些孩子的規律性較低，飲食、睡眠、活動的時間都不固

定，這對於全時帶孩子的父母來說可能會有些困擾，因為無法預測孩子肚子餓或想睡覺的時間。若父母採軍事化訓練，堅持定時放飯、熄燈，對這一類的孩子來說可能有些痛苦，可能會在還不餓的時候被要求要進食，不想睡的時候躺在床上發呆。

✳ 持續度

　　有些孩子對事物的堅持度較低，面對有興趣的活動通常是轟轟烈烈的開始，但一段時間後卻又無疾而終，常被大人說「三分鐘熱度」，也會被憂心將來是否會「什麼事都做不好，一事無成」。這類的孩子可能常有一種經驗，被大人誤會「隨便說說」，但其實一開始的興趣都是真的，後來沒興趣也是真的，只是維持興趣的時間很短。幸運的孩子可能會被鼓勵或陪伴堅持下去，養成對自己的信心，但較多孩子是被「唱衰」經驗比較多，可能對自己是否能堅持下去也會感到懷疑。

✳ 趨避性

　　當孩子面對新的環境或事物時，有些會很開心的向前探索，有些則會望之卻步。這樣的孩子可能會很怕拜訪親戚，因為要面臨「叫人」的壓力，容易被大人說成「害羞」，甚至是「沒有禮貌」，心急一點的大人可能會為了訓練孩子的膽量，常常讓孩子獨自面對陌生的情境，當孩子長大之後，面對新事物可

能仍會感到焦慮，需要待在熟悉的情境及與熟悉的人互動才會安心。

✳ 情緒本質

有些孩子天生笑嘻嘻，有些孩子則容易感受到負向情緒而愁容滿面。面對笑嘻嘻的孩子，父母可能會覺得孩子總是開心，反而忽略了他生活中可能遇到的困難或不如意，孩子也會經驗到「笑臉迎人才會受喜歡」，而避免展現自己的負向情緒。相較於笑臉迎人的孩子，父母也可能會忽略煩躁易怒孩子的情緒表現，因為總有處理不完的情緒議題，「哪有這麼嚴重」、「老是生氣沒有人會喜歡你」，孩子可能會感受到情緒不被同理或是負向經驗，而疑惑自己的情緒經驗或是表現是否不正常。

✳ 適應性

有些孩子比較慢熟，需要較長的時間才可以適應或接納環境的變化。尤其是在開學時，容易出現焦慮的情緒，小一點的孩子可能會哭鬧不休，大一點的孩子可能會出現各種身體不適，或許會影響學習的效果，一段時間後會好一些，但在適應的時期若沒有家長的陪伴與支持，可能會讓孩子對自己失去信心，也沒有把握未來是否有能力面對未知的情境。

（二）成人的性格表現與教養的關係：

雖然孩子有天生的氣質表現，但受到成長經驗及環境的影響，性格表現在成年之後會趨於穩定，依照 Costa & McCrae（1985）五大人格特質，將人格分成五大類：開放性、嚴謹性、外向性、友善性及情緒不穩定性。

＊ 開放性

主動追求經驗和體驗經驗的程度，以及對陌生事物的容忍性與探索能力。

開放性高的人：通常興趣廣泛，容易接受新的事物，樂於探索，對外界好奇，充滿創造性、獨創性及想像力。這樣的特質，對於任何教養的新知接受度高，也樂於嘗試，或變化應用。

開放性低的人：通常較保守，習慣沿用過去認為有效的概念或教養模式，例如：傳統的教養方式或長輩的教養經驗，較無法考慮不同的孩子特質或環境的變化。

＊ 嚴謹性

個人的組織性、堅毅性、可信賴性及目標取向行為的動機。

嚴謹性高的人：做事通常有條有理、有毅力，自律甚嚴、

努力可信賴。在教養的態度上，可能會訂立一套準則，親自嚴格且一致的執行，遇到困難也不會輕言放棄。

嚴謹性低的人：面對事情的態度可能較隨性、散漫、輕鬆以對，有時會粗心、漫無目的、較無堅持的原則。在教養的態度上可能隨遇而安，缺乏一致或堅持的原則，若面對較棘手的教養狀況，可能會因為缺乏有效的處理方式而選擇忽略。

＊ 外向性

是否能從社交活動中感到快樂，還是較喜歡獨處的時光。

外向性高的人：在人際上通常展現主動、喜歡說話、樂觀及熱情。在教養方面，較樂於帶著孩子參加聚會，孩子可以從父母的身上學到與他人相處的技巧，但孩子若屬於較內向害羞型的，可能會感到部分壓力。

外向性低的人：相較於與他人相處，較傾向喜歡獨處，個性上較保守、冷靜，可能會致力於工作，較少與他人交際。在教養方面，孩子可能較少機會從父母的身上學習到人際互動的技巧，面對活潑好動或常有人際相處議題的孩子可能愛莫能助。

＊ 友善性

是一種人際取向，和人互動時會傾向同情與熱心助人，或

是相反的對他人存疑及批判。

友善性高的人：在人際相處上通常給人有溫暖、善良、正直、可靠的感覺，因為值得信任，也會常被尋求協助。友善性高的人通常也可以帶給孩子安心的感覺，讓孩子較樂於分享的感受及尋求協助。

友善性低的人：在人際相處上常讓人感到多疑、好批評、易怒、不合作或指使他人，讓他人感到不舒服。友善性低的人可能因習慣批評及多疑，在教養情境中可能會讓孩子感到不安及挫折而缺乏自信。

✳ 情緒不穩定性

是否容易經驗到負向情緒，像是害怕、生氣或焦慮……。

情緒不穩定性高的人：容易感到緊張、不安，面對壓力時可能常有情緒失控的情況，在教養情境中，較無法有效處理孩子的情緒與行為問題，可能會讓親子關係緊張，孩子也無法學習到有效的情緒調節技巧。

情緒不穩定性低的人：情緒調適能力佳，可讓自己處在鎮靜、放鬆的狀態，較可以覺察到孩子的情緒狀態，以冷靜的態度處理孩子的行為問題，讓孩子有安全感，親子關係穩定。

原生家庭——教養的遺傳

在教養的議題中,一個很有趣的現象是,父母所施行的教養理念,可能和孩子所感受到的教養方式有所不同,例如,在臨床上經常會聽到父母說他們的教養很民主,會尊重孩子的意見,但孩子總抱怨父母很專制,講什麼都不聽。不同的教養類型,對於孩子性格的養成及親子關係的影響也不同,這裡所要提醒的是,**孩子所知覺到的教養方式可能比父母認知的教養方式來得更重要。**

什麼樣的教養類型,適合什麼樣的小孩

目前沒有一個理論可以將教養方式作完善分類,但較為廣泛被論述的,為 Baumrind（1967, 1971）四種教養類型:民主權威（authoritative）、獨裁專制（authoritarian）、寬鬆放任（permissive）及忽視冷漠（uninvolved）。

✽ 民主權威

對於教養有明確及合理的原則，讓孩子理解為何制定這些規則，也可適時關注孩子的需求及情緒狀態，有討論及溝通的空間，給予適當的回應。

民主權威的教養方式，家長通常要有理性及感性並存的特質，一方面要能理性的分析事情，另一方面又要敏銳覺察孩子的情緒狀態，當然也要有良好的情緒穩定性，面對各種教養情境才可冷靜以對。

民主權威的教養方式，原則上適用於各種特質的孩子，對家長來說較困難的是需要花很多時間和孩子相處及溝通，依照不同特質的孩子，也不見得每次都可以獲得孩子的正向回應，需要時間及耐心，但長遠來說，對親子關係的正向維持及孩子的正向發展會有幫助。

✽ 獨裁專制

嚴厲管教孩子，較少解釋規則施行的原因，可能會使用較激烈的手段要求孩子服從，較少關注到孩子的需求及情緒狀態。

在早期臺灣社會，父母若忙於工作，家中小孩數又多時，要一一對於調皮搗蛋的孩子說之以理、動之以情，幾乎是不可能的任務，直接給予命令及處罰，看似最能「停止」負向行為，

但效果卻不長遠。若孩子無法明白自己為何要修正行為，就會發展出「陽奉陰違」的技能，在脫離師長管教範圍時，也有可能隨時隨地「脫稿演出」。

雖然在這樣教養環境下的孩子，不必然都會有負向的發展，有些長大後可以笑著回憶師長如何被惹毛，自己如何被修理，甚至會感謝師長嚴格的對待自己，讓今天的自己有所成就；但也不乏有些孩子在成人之後，仍不明白自己做錯了什麼，對自己感到懷疑，對未來充滿不確定。獨裁專制的教育方式，可能常讓孩子感受不到同理及尊重，及有許多的規則限制，當孩子的特質屬於高活動量、情緒強度強或情緒本質偏負向的孩子，在親子互動中可能更容易感到挫折及衝突，父母較無法協助孩子正向成長。

✱ 寬鬆放任

對於孩子的行為包容，通常可提供充分的情緒支持，滿足其需求，但缺乏明確的規範。

在成長過程中，除了父母的關懷，也很需要方向的指引。若父母以孩子為中心滿足其一切，打點好一切，先不論孩子將來有一日是否會感謝父母的付出，目前最先遇到的就是，孩子可能會習於他人的付出，沒有機會覺察自己行為的對錯進而修

正，當有需要獨當一面時，因為缺乏行為圭臬，反而會感到不安及慌張。當孩子具有持續性低、適應性低或對新事物接受度低的特質，寬鬆放任的教養方式，可能更無法讓他們獨立面對未來的生活情境。

✱ 忽視冷漠

無法適當回應孩子的需求及情緒狀態，對於其行為通常採取忽略，不予管教。

採用這樣教養方式的家長通常不是有意為之，而是家長本身或家庭動力上出了一些問題，可能與家長本身的情緒狀態、婚姻狀態、家庭壓力、親子關係緊繃等等因素，而形成這樣的教養氛圍。不論何種特質的孩子，在這樣的氛圍中成長，可能會對自我感到懷疑、不知如何表達感受或與他人相處。

教養如何代代相傳

在臨床工作中曾遇到一對母子，發現孩子在課程互動中用獎勵的方式，很容易增加孩子的正向行為，母親也上了好幾堂關於親子教養的課程，包括如何適當給孩子獎勵來增加孩子的正向行為，但孩子在家中行為問題仍不見改善。後來與母親長談後，才緩緩道出她從小到大從來沒有被獎勵過，所以她不知

道要如何給孩子獎勵。

　　家庭是我們第一個學習的場域，我們從家庭互動中學習許多價值觀、面對問題及處理情緒的方式，當我們從原生家庭中獨立，我們從家庭以外的地方學習到更多生活適應的方式。**若在我們養兒育女之前，沒有做充分的準備，包括事前的生育規劃、準備適當的生育環境、及針對孩子特質的教養方式等，面對突如其來的新生命及教養難題，我們會直覺的採用過去的被教養經驗來因應，甚至會忽略思考這個被教養的經驗帶來的感覺是好是壞。**例如：在打罵、吼叫環境下成長的成人，雖然知道這種方式很少能讓自己知道錯在哪裡，或怎麼修正行為，也常感受到無助、不知所措，但當面對不守規矩、哭鬧的孩子時，仍會傾向使用童年被對待的方式處理，或許是情緒狀態驅使，更多是別無他法。

我不想要變成像我爸媽一樣的父母

　　許多人在成為父母之後，通常都會這樣的期許自己！但到底要怎麼做才能改變呢？

1. 了解自己與父母的不同

　　教養的的方式會因應時代環境的變化而有所不同，在父母那一輩可能是個大家庭、農村、眷村，街頭巷尾的親朋好友共同教養全村的小孩，父母或許忙於工作，孩子可能不止兩、三個，適合於上個世代的教養方式，不見得同樣適用於這個世代，例如：上個世代父母可能可以很安心的將孩子託管給街頭的鄰居王媽媽家，也放心在沒有大人陪伴下，兩、三個手足結伴上學或溪邊戲水……但在這個世代，隔壁鄰居姓李、姓陳都搞不清楚，對孩子有耐心又細心的王媽媽更是可遇不可求。

　　父母的教養選擇通常與大環境有關連，其所承受的壓力及面對的難題也不同於這個世代，當我們可以覺察自己與父母的不同，了解過去被對待的教養方式是基於父母及環境的需求，我們就有機會思考過去的教養方式是否也適用於當下，而有所調整及改變。

2. 了解自己與孩子的不同

　　雖然孩子會透過先天遺傳及後天觀察學習的方式，呈現和父母類似的特質。當孩子展現出與父母相似的特質，若父母解讀為不好的特質，依照過去的經驗，有些可能會消極的認為，做什麼都沒用而選擇忽略，有些則會放大負向的感覺而積極管

教，避免孩子像自己一樣重蹈覆轍；有些父母也會認為自己因為缺乏某些資源而失去成功的機會，所以假設孩子若擁有這些資源，必然會成功，反而讓自己及孩子承擔了過多的失落與挫折，影響親子關係。

　　儘管孩子的行為表現有時「像似」父母，但我們仍要提醒自己，孩子是一個獨立的個體，有無限的可能性，用開放及多元的角度去面對及處理孩子的問題，才不會侷限孩子的發展。

戀愛進行式──承諾這件事

　　要在生命經驗中回想一段難忘的感情故事，很多是懵懵懂懂的初戀故事、一見鍾情的神話故事……隨著時間推進，情節可能轉變為個性不合的前任、看走眼的現任或不熟悉的陌生人。為何愛情故事總不能喜劇收場，為何純真的感情總在現實中變調，難道真的有「愛情保鮮期」？讓我們從心理學的角度來解開這個疑惑，並獲得愛情保鮮的妙方。

從愛情裡看清事實

　　依據心理學家 Sternberg（1986）所提出的愛情三角理論（Triangular theory of love），認為完整的愛情由三個元素構成：激情（Passion）、親密（intimacy）及承諾（Commitment）。由這三個元素的各種組合，可說明許多感情的型態。

　　當我們被某個人的特質深深吸引，想要更認識對方、更深入的接觸，這便是愛情元素中的激情；當我們覺得與某人心靈

相通，感到信賴與安心，這便是愛情元素中的親密；當與某個人關係穩定，願意一起面對未來、經營生活及感情，這便是愛情元素中的承諾。

社會學家 Reiss（1980）也研究了愛情的發展過程，包括四個階段：和諧、自我袒露、互相依賴及滿足需求，兩個人會因為各種相似性而互相吸引，開始分享彼此的生活、感受及想法，進而相扶相持面對生活中的壓力與難題，最後因愛與信任而感到滿足。這是一個循環的歷程，當我們在相同的背景下，有更多的自我袒露及彼此支持，我們就會獲得更多的滿足，感情就會更加穩固。

依據以上兩個理論，我們就不難理解，為何許多人老是抱怨另一半婚前婚後大不同，因為**在感情的最初階段，通常是充滿了激情，激情下說的承諾通常充滿真心，但不一定真實，千萬不要忽略兩人共同分享及扶持所發展出的「親密」元素，此時的承諾才具有建設性。**

激情過後，仍須冷靜

談戀愛感情正甜蜜時，另一方很容易就給保證，但千萬要記得，當激情過後，對於這些承諾，一定要保持清醒，冷靜思考呀！

✴ 他說未來要生一打？

兒孫滿堂的藍圖通常出現在熱戀中的男女，因為另一半是如此完美，不複製一打，豈不是對不起國家社稷。隨著激情退去，共同經歷了生活中的酸甜苦鹹，認清了柴米油鹽醬醋茶，默默決定暫時不生兒育女的人大有人在，但基於種種因素，例如：怕破壞長期經營的感情或讓長輩感到失望，沒有將想法提出與另一半討論，未來在養育兒女的議題上可能就會常出現衝突。

建議不要把戀愛時期的承諾放在心上或當成決定兩人共度一生的關鍵要素，除非日後吵架怕沒素材。比較好的做法是把這些承諾當成浪漫的愛情故事，留在回憶裡就好。

✴ 他說錢的事情不用擔心？他養得起

經濟基礎是組成家庭、維持家庭穩定很重要的因素，當另一半願意給予經濟承諾，是值得高興的一件事。我們可以把感動放在心裡面，感謝放在嘴巴上，但也不要就此不過問經濟大事，畢竟這其中的細節太多，相扣的環節太複雜，不是每月一疊鈔票放在桌上可以解決的。

家庭中會面臨的不僅是兩個人會花多少錢，還有很多人也會幫忙花，置產、孝親、教育、醫療、意外、失業、周轉不靈……當面臨財務困境時才來抱怨婚前的承諾沒兌現，有些緩不濟急。

建議的做法是，感動、感謝之餘，可以針對未來的生活藍圖編列預算，預算不足時如何取捨，邊過生活邊做調整，可有效降低經濟問題帶來的家庭紛爭，維持感情和諧。

✱ 他說不用管他父母，不用擔心婆媳問題？

在傳統社會中，媳婦早已做好面對婆媳問題的準備，婆婆與媳婦對各自扮演的角色都非常清楚，婆婆盡心教導，媳婦概括承受直到成為婆婆的那一天。但因時代變遷，女性的成長環境也有所不同，兩性平等、女權抬頭，讓女性在婚姻中享有相同的權利與義務。舊世代與新世代的交替，難免有對不上齒輪，運作失敗的時候，衍生許多婆媳、姑嫂問題。如何與另一半家庭成員相處，是步入婚姻前，一定要考慮的事情。

不管另一半是否有信心處理自己原生家庭的議題，你所面臨的議題一定與他不相同，他的父母可以忍受自己孩子任性妄為，也不代表他們會默許媳婦也如此，甚至會期待在你的扶持下，孩子會變得懂事穩重。面對另一半的家庭，建議可從一個不一樣的角度來思考，你即將和他一起面對他原生家庭的議題，可能是高操控的母親、緊張的父子關係，或是手足心結，這時你需要想好要扮演的角色，演一齣好戲，目標是降低他與原生家庭的衝突，維持兩人之間的感情穩定及家庭和諧。

步入婚姻前——停、看、聽

許多在婚前看似不重要的瑣事,在婚後都成了莫大的罪行,我們會希望孩子在和諧的氣氛中成長,不要面對父母的爭吵,甚至要在父母之間作抉擇。維持家庭和諧的計畫,在步入婚姻前就要完成,若沒有事前的討論,所有看似和諧的關係,在新生命報到後,幾乎都會有失衡的危機,事前的討論有助於降低危機的發生。

婚後的教養藍圖及解決方案

即將要結婚的準新人看過來!在步入婚姻前,必須針對以下幾項教養藍圖做規劃,才能給孩子最適合的教養環境。

* 環境:住婆家、住娘家、自立門戶

成立一個國家要有人民、領土、政府及主權,成家也是如此,住在哪裡與將來的人民、政府及主權有關。最理想的狀態是自立門戶,人民由夫妻雙方及未來的子嗣構成,父母是中央

政府,可以決定家中執行哪一種教養方式,未來只要外交做得好,在育兒這一塊仍有許多額外的資源可使用,例如:寒暑假小人兒可以回爺奶國做體能訓練等。但基於種種因素,許多夫妻在成家之初並未從祖國脫離,好處是可以享有原本的資源,但在教養這一塊會遇到的困難,可能是夫妻缺乏主權或一國兩制,人民小兵會尋求政治庇佑……讓教養變得困難。

在這樣的教養環境下,**夫妻內部至少要有一致的教養態度,擬定教養的大原則**,例如:避免體罰、外出要父母同意等等,讓孩子了解基本的教養規則,讓孩子面對不同的教養方式時不會感到困惑及無所適從。

另外,要與孩子盡量親近(陪伴、關懷、傾聽),千萬不要因為教養上的挫折就放手讓他人照顧,當你將教養的主權交由他人,未來對孩子的管教及協助效能就會降低。

✱ 經濟:男方、女方、雙薪家庭

經濟基礎是組成及經營家庭很重要的要件,對於財務規劃這一塊,建議婚前就可以雙方好好規劃,再依據家庭實際的運作再慢慢調整,包括每月基本生活支出、保險費、保姆費、孝親費、教育費、才藝費、休閒旅遊、是否買房、買車……計畫,另外也要有家庭預備金因應醫療、意外、轉業、失業、資金周

轉等等。依據實際可運用的金額，規劃未來的生活藍圖，雖然不用到樣樣精算，但至少雙方能夠達到某種共識。

在單薪家庭中最常遇到的衝突就是，給錢的一方永遠覺得錢給得夠多，持家的一方永遠覺得錢不夠用；在雙薪家中則會困惑怎麼都存不到錢，懷疑另一方亂花錢。當家庭發生經濟困難，最直接影響到的就是家庭的運作及夫妻之間的感情，間接讓家庭成員承受經濟壓力，年紀小的孩子可能要承受父母的情緒，大一點的孩子可能要協助家計，因此婚前的規劃及婚後的適當調整，有助於讓孩子在安適的環境中成長。

＊分工／分配：各司其職、專屬空間、家事、休息時間

組成家庭後，夫妻雙方會有某種默契，各司其職。在單薪家庭中，最常見的是工作的一方負責工作，在家的一方包辦所有家事；生了孩子之後，在家的一方顧孩子，有些要加顧公婆，萬一公婆身體不好，還要兼看護，其壓力可想而知。若我們有機會將家庭中所有的工作量加總，包括賺錢、家務、照顧長輩及小孩等，可能會發現遠超過兩個人可負擔的量。若另一方不同意，認為對方做的事情相對輕鬆，建議可選擇一周交換角色，相互體驗，了解其中的難處。相互體諒之後才有溝通及處理問題的可能性，否則只能在相互埋怨中度一生。

　　不管是單薪或雙薪家庭，建議雙方都要有短暫的休閒空間及時間，例如：每個人有一個週末下午或晚上，可拋開家庭的壓力享受自己想要的生活，可以和兄弟們打牌、喝酒、看球賽；可以和好姊妹喝茶、逛街、聊是非，定期排解家庭生活帶來的壓力，有助於家庭和諧氣氛的長久經營。

＊ 怎麼吵架：怎麼吵／吵多久／地雷區……

　　在臨床工作中，不管工作的對象是大人還是小孩，當他們聊起對原生家庭的印象，多數都會提到對於父母吵架時的無助，有些會帶著弟妹躲藏，有些會主動捍衛弱勢的一方，甚至有些會提早逃離家庭。這些經驗讓我們了解，不管多小的孩子，即便是襁褓中的孩子，都會感受到家庭氣氛的緊張，而產生一些不適應的反應。

　　很少有夫妻沒有爭執，爭執的方式也是千奇百怪，輕則冷戰數日，重則大打出手。若爭執的目的是為了要達成解決問題的共識，過程及方法就格外重要，透過冷戰或肢體暴力達成的，通常是對生活及關係的妥協，而非成功解決問題。建議在婚前，雙方就可以列出自己的地雷區，相互尊重，不要亂踩，對於未來生活上的意見分歧，討論可接受的溝通方式，例如：說之以理、動之以情……當怒氣不可抑制時，容許雙方有冷靜的空間、時間等，為未來的爭執打一劑預防針，可有效降低家庭風暴為成員帶來的衝擊。

結婚這檔事——誰說了算

恭喜兩位在歷經了相知、相惜、生活中的各種考驗後，終於要邁入相守的人生階段。婚禮是一天就會結束的事情，但其準備及當天的過程，總是成為很多夫妻及雙方家族日後的衝突點，讓家庭氣氛從結婚那天開始總處在緊繃的狀態。千萬不要帶著怒意及雙方家庭的問題結婚，因為孩子出生後都要與兩個原生家庭的父母相處，許多的樑子就是在準備結婚的過程中結下的，小至誰失誤拖到流程，大致金錢糾紛，也容易埋下日後夫妻相處的嫌隙，尤其在雙薪家庭中，原生家庭的資源更不可捨棄，良好運用的話，在育兒歷程中會幫上大忙。

結婚預算要講清楚、說明白

做任何規劃之前，預算是首要考量的點，有多少錢做多少事。若你有個美麗的婚紗夢，想穿著手工訂製婚紗辦一場浪漫的海外婚禮，建議在結婚前就將這筆預算納入每月要存下的錢，

千萬不要期待另一半會幫你完成，愛你的另一半可能要賣血、賣命、借貸才可完成這個夢想，但這些體力、人情、金錢債在日後可是要兩人共同償還。

另外，在準備結婚的過程中，對男方來說，還有一筆很大的開銷，就是大小聘金；而女方則要準備豐厚的嫁妝。聘金及嫁妝的價值，在兩大家族紛爭中總排得上名次。對於不收聘的女方，也不等於日後就不用做媳婦，有時聘金及嫁妝象徵的意義，會勝過其實際金錢的價值。結婚的整個過程中，談的其實是心意，而不是金錢。**若雙方家族都可以感受到彼此的誠意，獲得尊重，即便無聘金、嫁妝、喜宴，仍會是一段佳偶良緣。**

建議新人們在婚前要對彼此家族的期待，進行充分的了解與溝通，就可有效避免日後的紛爭。有時雙方家長可能不具備良好溝通的能力，此時新人就要扮演溝通橋樑，必要時用自己的方式滿足雙方家族的需求。例如：男方家長並未準備足夠數量的大聘，而女方又堅持要求到某個數字才嫁女兒時，如果兩人心意堅定，且大聘會歸還，大聘的出處是否由男方家長口袋裡拿出來就不是重點，仍有許多變通的方式讓大聘出現，充滿誠意，讓女方家長感到安心。

了解雙方家庭的期待

　　儘管交往再久的情侶，只有在步入禮堂時，才是兩個家族真正的結合。兩個人之間的相處都要經過多年的磨合，才有機會對彼此了解。除非上一輩是世交，原本就很熟悉彼此，不然大多雙方的家長，都是在提親時，才有更進一步的溝通與交流。

　　人與人初次見面，自然客氣話很多，但也可能因為對彼此不熟悉，也不知道哪一句話會踩到對方地雷，即使已經很小心地說出自己想說的話，但也不一定聽者可以了解，因此難免產生溝通的落差，例如：男方說：「我們家很簡單，一切從簡，小倆口好就好。」女方說：「我們也是，大家方便就好。」於是開心的結束這場談話。沒想到，後來男方真的很簡單，交由新人自己處理，新人決定登記結婚就好。而女方家長遲遲等不來訂婚、結婚的日期，無法通知親朋好友宴客的日期，覺得男方家長對女方家長很不尊重⋯⋯殊不知是溝通上出了問題。

　　為了避免這樣的溝通失誤，建議新人要各自負責自己的父母，了解他們說的「簡單」指的是什麼；是什麼都不用準備，還是大聘不要，小聘要拿？桌數雖不用多，但至少要有 10 桌給親戚朋友⋯⋯最好一一條列式的寫下來，可以做到的就盡量滿

足，做不到的就繼續溝通，有能力的話，不足的部分就由新人自己補上。總之，目標是要讓兩大家族在籌辦及合作的過程中感到順心及和平，感到彼此的誠心誠意，家族和平了，小倆口日後才有機會和平的過日子啊！

第二章
從懷孕就開始的教養故事

孕期裡準媽咪的心情很重要，喜怒哀樂都牽動著孩子的性格與未來發展；另一伴侶更是影響準媽咪情緒的重要關鍵，如何做神隊友，隨時來個神救援，趕快翻閱練習吧！

懷孕考量──身心及其他方面的準備

「我們準備好生小孩了嗎？」新婚的你們，認真思考過這個問題嗎？

很多夫妻在沒有準備的情況下，新生命就來報到，輕則打亂兩人的甜蜜世界，重則造成沉重的經濟負擔，甚至會面臨無能力養育孩子的窘境。

良好的事情溝通

每一位做父母的，無不希望每個新生命都是在期待下來到這個世界，愉快的成長、探索這個世界，但遺憾的是，**孩子的成長路上充滿了各種風險，包括生理疾病、疏忽照顧、不當管教，甚至是遭受虐待。**所以，要讓孩子能從胚胎順利成長到獨立生活的個體，實屬不易！真心要感謝所有細心呵護我們成長的照顧者。

對於一個家庭來說，任何結構的改變都會帶來不少的壓力，尤其對新婚的家庭造成的影響更大。比起意外懷孕，良好的「生育計畫」，可以讓我們有足夠的時間準備迎接新生命。養育孩子本身就是充滿壓力，當我們有機會讓孩子在充滿安全感中的環境生長，讓孩子有機會正向發展，相信在教養的路上可以減輕不少壓力。所以，想要讓孩子在呱呱墜地後，就能在一個充滿安全感的環境下成長，那麼懷孕前的準備與計劃千萬不能輕忽，夫妻雙方經過良好溝通，即可避免因為意外懷孕帶來的意外傷害，這才是對家庭和孩子負責任的做法。

準父親／準母親要做的準備

在生活事件壓力評估中，懷孕、家庭成員增加、經濟狀況改變本身所帶來的壓力已經不少，尤其女性在懷孕之後，在職場生涯上可能會有些變動，甚至面臨被迫離職或遭解雇，這都會讓夫妻之間的互動產生變化。若在未良好溝通的情況下，爭執的次數會增加，因此而造成的生活壓力事件若次數過多，容易增加未來罹患身心疾病的風險，也不利於懷孕中婦女的身心健康，影響到胎兒的發展，及未來的教養信心。所以在準備懷孕前，首要注意的就是預想懷孕後會帶來的生活變化，尤其是

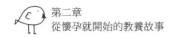
身心狀態的穩定及經濟狀況的穩定，降低因生活變動所造成的
壓力風險。

* 在生理方面

　　建議可在婚前或懷孕期間做健康及產前檢查，了解夫妻是
否有相關的遺傳疾病風險、懷孕期的疾病狀況（姙娠高血壓、
姙娠糖尿病……）、胎兒發展異常等問題，以利做即時的控制
及應對。

　　比起自然受孕的婦女，人工受孕的婦女須承擔更多的懷孕
期的生理狀況，每日需要自己施打相關的針劑，承受生理不舒
服的感覺，以維持最佳的懷孕狀態，此時另外一半的支持格外
重要，尤其是陪伴。

　　在產檢過程中，若發現胎兒有異常的狀況，也要考慮是否
有資源可養育。能力足夠的家庭可以承擔孩子的特殊狀況，照
顧其一生，但若無法照顧，則需要參考專家或醫師的建議，夫
妻共同討論做出對孩子及夫妻雙方最好的決定，避免因意見分
歧造成日後的養育衝突。

* 在心理方面

　　建議可定期安排夫妻的休閒時光，例如：半小時的散步時
光、逛街、午茶、看電影、燭光晚餐，降低生活中累積的壓力。

另外，也一起規劃懷孕期至孩子出生後的所需，例如：逛逛婦嬰用品展、準備待產包、嬰兒用品、布置嬰兒房、嬰兒出生後的分工⋯⋯這些產前的過程參與，有助於讓夫妻雙方都進入即將要養兒育女的狀況中，降低將來因溝通及分工不良所帶來的爭吵及育兒壓力。

✱ 在經濟方面

　　職場婦女最容易面臨生產後是否要回到職場的抉擇，友善一點的職場，在懷孕期間可以協助調整工作內容，避免加班或給予過於勞累的工作；但多數的職場，仍會要求相同的業績表現，也會承受來自長官或同事質疑其因懷孕帶給工作的影響，或是面臨職務被取代，甚至被「勸退」的壓力。依照每個人不同的工作狀況，需要與配偶討論工作及經濟的變化，對於未來家庭的影響，例如：婦女生產後要回到職場，育兒的時間要如何分配，是否有資源可協助照顧；若選擇不回到職場，配偶是否可提供足夠及穩定的經濟來源。另外，若正處於轉職或可能被解雇的狀態，是否有足夠的家庭備用金渡過最艱辛的育兒時期。值得提醒的一點，**提供經濟來源僅是育兒的基本，並不是全部，夫妻雙方都要有機會照顧及參與嬰幼兒的成長（包括滿足其生理及心理需求），才是育兒的核心。**

孕期——母親情緒的影響

依據筆者在研究所時期所做的論文（2000 年），母親在懷孕期間的情緒反應，和孩子出生後的情緒表現有關。在懷孕期間若生活壓力較大，常感到焦慮或憂鬱情緒，孩子出生後也較容易展現煩躁不安的情緒表現。

影響孕母情緒的因素及因應方式

懷孕期間因賀爾蒙的變化，孕婦也容易變得多愁善感，就算曾是馳騁商場的女強人，孕期也可能看著過馬路的小鴨子就落淚。母親的情緒，可能透過遺傳直接影響孩子的氣質發展，也可能因懷孕期間的情緒波動，影響激素的分泌，影響胎兒的發展；或是嬰兒出生後，透過母嬰互動及觀察學習的方式，影響孩子的情緒發展。我們可以透過維持懷孕期的情緒穩定、良好的母嬰互動及育兒過程的情緒控制，增加孩子未來的情緒穩定度。

在漫長的懷胎十月中，夫妻雙方應該從下面幾個面向來特別注意及因應：

✳ 關於自己

許多婦女在懷孕期間為照顧到胎兒的健康，外至梳妝打扮，內至飲食調理，每一樣都會小心翼翼及斤斤計較，深怕外界毒物會入侵影響胎兒發展，保養品、化妝品、愛吃的食物通通無緣，從外表光鮮亮麗的時尚達人，轉型為素顏平底鞋大嬸；香雞排加珍奶的小確幸也只能在產後遙想。就算偉大的媽媽，可以為了孩子短暫放棄「生前」所愛，但感受到自己因懷孕逐漸改變的體型及生理變化帶來的不適，例如：頭暈、噁心、嘔吐、頻尿、水腫、睡不好、氣喘吁吁……當看見活力十足的年輕女性，再對照如今自己的狼狽，難免會有厭世及懷疑人生的念頭。

孕婦本身已有許多的內心戲，若配偶在此時雪上加霜，嫌棄其身材變化，或無法體諒因生理不適帶來的情緒變化，很難想像孕婦要如何心情平靜的度過整個孕期。若你的配偶未受過如何與孕婦相處的訓練，面對有潛能的配偶，孕婦本人可能要辛苦一點，邊懷孕邊教他如何應對妳的心情變化；資質較駑鈍的，等教到他學會體諒他人，孩子都可能已經長大成人了。比較好的建議是，不要讓另一半的閒言閒語，造成額外的心理負擔，依據他的特質，直接告訴他可以幫忙的事情，例如：不期

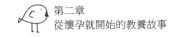
待他稱讚懷孕還是很美麗之類的，而是直接告訴他你想吃什麼、想去哪裡逛，請他去買或陪妳一起去，幫忙提東西。若配偶完全無法使用，孕婦本身就要更熟知這些想法及心情變化是短暫的，為自己安排喜歡或值得期待的活動，格外重要，例如：懷孕期間的姊妹淘下午茶、生產後的月子中心休息時光、瘦身計畫、旅遊計畫等等，都有助於維持懷孕期間的情緒平靜。

＊ 關於配偶

懷孕的過程中，通常是懷孕的一方生活會有較大的改變，身心狀態自然而然就會進入準備養兒育女的狀態。相較於另一半，生活上比較明顯不同的就是，孕期的配偶有些捉摸不定，該做些什麼還不太知道，可能被抱怨或埋怨的次數增加。但如果可以迎合或猜對其需求，日子會好過一點；若老是猜不到對方的需求，就只好繼續過自己的生活，或是用工作或社交應酬等正當理由逃避壓力。

當孕婦感受到另一半的生活沒有因為新生命即將降臨，而有所犧牲或奉獻時，不平的感受更容易加深夫妻間的嫌隙及摩擦；越容易產生埋怨，配偶就越容易逃避，形成惡性循環，不利於維持情緒穩定及日後的教養效能。幸運的是，要終止這類的惡性循環，方法很多，雙方都有著力點，例如：夫妻進行雙向溝通，討論懷孕期的需求，要如何配合及滿足；當其中一方

意識到埋怨變多，或是想要逃避壓力時，有什麼有效的紓壓方式；要如何避免過多情緒字眼的宣洩，造成雙方的傷害及挫折。如果夫妻經過多次的溝通仍無法有效降低衝突的感覺，與信任且有經驗的第三者討論，會是一個好方法，例如：自己的父母、兄弟姊妹，甚至專家，一方面可以提供情緒支持，另一方面也可參考他人的觀點，降低衝突的感受。

＊ 關於孩子

從胚胎著床開始，就開始擔心是否能成功發展成胎兒，吃東西的時候會擔心食物是否會傷害胎兒，吃不下的時後又擔心其營養不夠；站著、坐著、躺著，都擔心是否會傷到胎兒；當胎動明顯時會想說孩子正在開心的手足舞蹈，還是被臍帶纏住難過掙扎；當胎兒安靜時，會想說是在安靜的睡覺，還是心跳停止……矛盾的心情每天都要交錯演出好幾回。

除了會想想胎兒在肚裡的情況之外，也會想像孩子出生後是否能健康成長、會不會有身心發展方面的問題。**降低這類擔憂最好的方法就是閱讀相關的育兒書籍及定期做產檢，建立自己的警示及判斷系統。**因為很多的擔憂，不僅來自內在的擔心，更多是婆媽、路人等「過來人」的經驗談，包括：各式神秘色彩的孕期禮俗（喜沖喜？凶沖喜？孕婦沖孕婦？不能綁東西、用剪刀……）、稀奇古怪的養胎祕方……當孕媽咪面對這些與

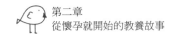
自己理念不合的「熱情習俗」時，先別急著排斥及惱怒而影響自己的情緒穩定。有些習俗表面看起來匪夷所思，但在當時的時代背景或許有其科學的含意，只是對應到現代背景是否還需要擔憂或注意，例如：過去婚喪喜慶的場合通常人多口雜，食物因保存技術的問題可能質變，孕婦的情緒或免疫狀況可能較不適合參與。但現代的喜慶場合已相對動線分明，食物潔淨，若孕婦的興趣是吃辦桌，且前往參與有助於心情愉快，嚴格遵守禮俗反而無助於身心愉快。

✱ 關於未來

當肚子的生命力越來越茁壯，對於育兒很夢幻的感覺也逐漸走向真實，這個時候，家庭結構正在改變，夫妻兩人的生活，也不再是簡單的兩人甜蜜世界；未來的所有食衣住行育樂都要將這個新成員考慮進去，甚至以他為核心打轉，育兒時光也會瓜分了妳的個人休閒及夫妻相處的時間。「為母則強」是一種很幸運的狀態，顯示孕媽咪本身有足夠的抗壓性，但也說明，育兒壓力會成為新的壓力來源，需要更多的紓壓方式來排解壓力。

配偶雖然在懷孕生子的過程中，可以著力的點不多（無法把胎兒移來肚內養，也沒辦法幫忙孕吐或幫忙好好睡一覺），但對於孩子出生後的各種挑戰，就有你可以大大發揮的空間。

若孕媽咪經常擔憂孩子出生後，沒有能力好好照顧孩子，可與配偶討論孩子出生後的照顧細節，例如：下班後可協助的部分、假日是否有各自的休息時光、當兩人都疲累的時候，是否可協商信任的親友協助照顧、經濟狀況許可，是否可聘請協助的人手等等。

這裡要提醒夫妻雙方，孩子看似只有一個人（更何況有些是雙胞胎或多胞胎），**但育兒從來就不是一件一對一照顧就可以解決的工作**，育兒有點像是成立一間新公司，公司需要許多部門處理各式各樣的業務，會計（維持孩子的生長所需）、清潔（維持孩子的生理健康）、福利（孩子的心理健康）、研發（孩子的特質及潛能發展）、業務拓展（孩子的未來發展）等，這些業務需要夫妻雙方合作，才能勉強完成。通常很多時候，沒有參與育兒過程的配偶，不能體會個中困難及辛酸，與其抱怨自己的壓力過大，最後走向分道揚鑣，不如在懷孕期就好好培訓這間新公司的儲備幹部。

初為人母——集多元角色於一身

恭喜你，新生命降臨你的世界！眼前這個陌生的生物，軟綿綿的，不懂人類的語言，有著語意不明的聲音及肢體動作，激動時發出各種不同的哭泣聲，好似警報器，卻找不到開關關掉，但其迷人的眼神及笑容卻能瞬間融化了所有人，吸引你去愛他、照顧他。而隨著這一位新的家庭成員的到來，你的角色也頓時多重了起來，搖身一變成了生命安全總監、貼身秘書及潛能開發大師。

從少女變大媽：第一次當媽就上手

當小天使出現在我們的生命中時，他一切的所有反應，總是讓我們不知所措；其發出哭泣的聲響，因著抑揚頓挫的不同，好似代表不同的需求溝通，但又摸不著頭緒，不時讓新手媽媽疑惑：「怎麼沒有附帶使用說明？」而身分的轉變，也讓新手媽媽們大嘆：「當媽的，真是不容易啊！」

✱ 產後心理調適

依據近期的文獻研究發現，70% ～ 80% 的產婦會出現產後情緒低落的情況，容易感到情緒低落、焦慮、易怒、哭泣、疲憊；可能對自己、他人及新生兒感到憤怒，通常一段時間即可恢復到正常的情緒，但也要注意產後憂鬱症（postpartum depression），甚至產後精神病（postpartum psychosis）的狀況發生。後兩種情況，通常會增加產婦本身自殺及新生兒死亡的風險，過度憂鬱的母親帶著新生兒自殺的新聞事件時有所聞。另外，有精神症狀的母親則可能錯誤的認為，新生兒已經死亡或掉包，而無法妥善照顧，造成新生兒的生命威脅。

建議產婦本身及家人，需要時時關注產後的情緒變化，輕度的情緒低落狀態可透過生活的調整、放鬆技巧及家人的支持獲得改善，例如：母親需要配合新生兒的作息，經常有睡眠不足的情況，這時可與配偶或家人分工，分配餵奶及照顧的時間，避免將所有的照顧責任由母親承擔；一週也可以有一天的時間，讓母親有機會遠離育兒時光，從事放鬆活動，可能是簡單的逛逛街、吃美食、做 SPA……有助於產後的情緒調適。**若是較嚴重的情緒問題，這時可能更需要家人及醫療的協助，尋求專業的精神科醫師及臨床心理師，協助情緒調適。**

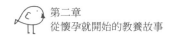
✱ 生命安全總監：給予安全的環境

　　所有的生命可以安全地成長，都要感謝細心的照顧者。我們會疑惑動物界的新生兒，往往一出生就具備很好的行動本能，例如：小馬立刻可奔跑、小海豚則一出生就會游泳。而人類的新生兒則要等到十四、十五個月左右才可獨自站立或走路，在那之前新生兒僅能使用滾動、爬行或扶物行走的移動方式，雖然不用面臨野外獵食者的追捕，但家中的危險情境就足以造成其生命威脅，包括：睡眠中被被子、玩偶摀住口鼻，被細線纏繞脖子，從高處摔落，被掉落物品壓傷，觸及或誤食尖銳、滾燙、有電、毒物等等危險物品。生命安全總監要時時刻刻注意環境中的危險因子，並立即移除及改善，以確保生命安全。在生活照顧上也片刻不得閒，例如：餵食的食品是否安全、吃飽後是否有嗆奶的可能性、洗澡的水溫是否合適、孩子是否因為疏忽而有溺水的可能性、孩子睡著了，也會時時注意孩子是否有不明原因的呼吸暫停……現在請所有正在看文章的讀者們，對讓我們安全長大的照顧者致上十二萬分謝意。

✱ 貼身秘書：24 小時隨 call 隨到

　　貼身祕書的主要職責就是以老闆的需求為首要達成的任務，這個職務的工時是 24 小時，隨側在旁，通常無給職。我想除非老闆是你非常崇拜或愛慕的人，應該沒有人會想應徵。

但事實上，做這個職務的人還真不少（做一半辭職的應該也不少）！這份工作的成就是如人飲水，冷暖自知。

照顧嬰幼兒就是一個 24 小時隨叫隨到的工作，如果沒有這樣的心理準備，也不想放棄原本的生活方式，就容易產生「認知失調（cognitive dissonance）」，覺得新生兒的降臨是一場災難，生活也不會更美好，因為失落及負向情緒而無法好好面對生活上的改變，或許會選擇忽略、甚至放棄照顧，以保有原本的生活品質來平衡這個失調的感覺。**建議養育兒女的新手父母們，在嬰幼兒最需要呵護的階段，暫時放下個人的生活品質及興趣喜好，告訴自己這是一個短暫的過渡時期，是一個新的冒險及挑戰，也是一段值得投資的時光，在你們細心的照護及呵護下，除了孩子可以正向的成長，也可能會發現新的生活樂趣。**

✻ 潛能開發大師：給予適當的環境刺激

當我們與嬰幼兒相處，會驚訝於他每天的發展，除了長高、長胖，當展現了一項新技能，往往會充滿驚喜與成就感。但有時又會憂慮孩子的各項發展及表現是否正常，尤其當聽到路人婆媽開心的表示自己的子孫兒女，近乎神蹟的發展歷程時，例如：一歲就不用穿尿布自己去廁所（家裡處處是廁所？）、背唐詩（是用人類的語言？）⋯⋯可能就會開始懷疑自己的孩子是否不正常，而打亂了自己的教養步調及理念。

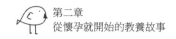
除了生理、動作和語言的發展，嬰幼兒還有許多技能等待開發，例如：思考及社會情緒發展等等。每個孩子的發展歷程不同，或快或慢，也與環境刺激有關。透過兒童發展相關的資訊或書籍，可以讓我們知道孩子大致的發展歷程，了解到各項的發展是循序漸進，**照顧者可在孩子的能力範圍內提供適當的刺激，若過早給予訓練，可能會揠苗助長，反而讓孩子形成負向的經驗而不願學習。**當孩子的語言發展尚未成熟前，孩子會透過觀察學習，來習得一些行為，例如：主要照顧者與他人的互動方式或表達情緒的方式，當孩子已經有語言，可進行簡單的討論，照顧者若願意經常帶著孩子觀察世界，傾聽其想法，孩子也會學習到思辨的方式。

母嬰關係：如何回應嬰兒的需求，促成安全依戀關係

我們需要不斷嘗試才能讀懂孩子的需求，給予適當的回應，但偏偏孩子天生的氣質都不同，有些孩子只要輕輕撫摸就可滿足的安靜下來，有些孩子一碰哭得更厲害，有些孩子則需要一直抱著不能落地，往往讓新手媽媽覺得憂鬱又挫折。面對不同特質的孩子，我們需要鍛鍊不同的技能來回應其需求，促成安全的依戀關係（Attachment）。

英國發展學家 John Bowlby（1969, 1991）描述依戀關係發展有以下四個階段：

✱ 依戀前期

新生兒出生後至兩個月大左右，當寶寶在哭、笑或盯著臉看時，照顧者可以適時給予回應，例如：擁抱、撫摸、微笑看著寶寶，就可成功建立依戀關係。要注意這個時期的主要照顧者若有產後情緒低落或憂鬱的情況，可能無法適時給予寶寶正向的回應，較不容易形成安全的依戀關係。建議主要照顧者，若發現自己有顯著的情緒問題，一定要尋求家人或專家的協助，協助情緒調節。

✱ 依戀形成期

兩個月至八個月左右，寶寶開始可以辨識主要照顧者與其他人的不同。當寶寶感到不安時，會期待主要照顧者的安撫，其他次要的照顧者對於無法安撫寶寶可能會感到挫折，但此時較好的做法是交由主要照顧者來安撫，讓寶寶感到安適，形成安全的依戀關係。

✱ 正式依戀期

八個月到十八個月左右，若孩子可成功與主要照顧者發展出安全的依戀關係，孩子會將主要照顧者視為安全堡壘，值得

信任的對象，這有助於孩子安心的探索世界，發展出正向情緒。
主要照顧者在此時期所要提供的就是對孩子的支持；包括瞭解
及適當回應其需求、情感的支持及鼓勵正向行為。

✱ 互惠關係

　　當孩子與主要照顧者已經建立安全的依戀關係，孩子除了
會向主要照顧者表達需求，也可以了解主要照顧者的想法及感
受，進行良好的雙向溝通，安全的依戀關係可協助孩子建立信
任與同理心，有助於促進孩子日後與他人的社會互動品質。

父親的角色——強有力的神隊友

在傳統的家庭中，男性在育兒的角色通常很模糊，不像女性從懷孕的那一刻起，就準備成為一位母親。我們習慣傳統的母親打理孩子的一切，包括：生活的照顧、教養及處理疑難雜症，而通常父親會在關鍵時刻出手，例如：管教不當行為、給予禁止令，其餘的育兒協助則屬神隱狀態。

養家活口、養兒育女一起來

通常父親在家中的主要任務是維持家計。我們需要體諒在傳統家庭中成長的男性，對於育兒沒有準備及一無所知，因為在他們的生命經驗中，並無可以學習的對象，若是可以將家計維持穩定，就值得拍拍手了。

但若因應社會環境及家庭結構的改變，尤其是在雙薪家庭，或是認同育兒是夫妻雙方共同合作才可完成的艱難任務，我們

鼓勵男性一起加入育兒的行列，不但可以提升個人價值、維持良好的夫妻關係、正向的親子互動、擁有和諧的家庭氣氛，更增加圓滿終老的機會，可說是好處多多。建議夫妻可從以下幾點著手：

✱ 情感支持：讓媽開心

在育兒路上，基於各種不同的家庭因素，孩子的主要照顧者是母親，父親可能要忙於工作，或是遇到任勞任怨有個人教養理念及步調的妻子，較無機會處理或插手育兒相關的事情。此時男性千萬不要覺得落得輕鬆，開始過自己的生活，你需要練就見縫插針的功力，提醒自己育兒是一件苦差事，要體諒主要照顧者的辛勞，簡單的感謝話語、協助分擔家務、偶爾的生活驚喜或照顧幼兒，讓妻子有喘息及放鬆的空間及時間，你的努力有助於讓母親充滿照顧孩子的正向能量。

✱ 育兒訓練：神隊友養成術

父親的角色對子女來說非常重要！對男孩來說是個模仿的對象，對女孩來說是形成異性印象的重要指標；父母的婚姻關係更是會影響子女對兩性相處及婚姻的概念。不但是母親透過照顧及溝通與孩子建立良好的親子關係，父親也同等需要這麼做。

但父親育兒一遇到狀況通常是不知道怎麼做，或是做了被抱怨做不好，甚至被拒絕在外。此時較熟練的一方，需協助父親進入育兒的快樂天堂，建議用以下方法：

（1）製造父親與孩子獨處的歡樂時光

母親可視孩子的作息狀況，將狀況較好的時候交由父親照顧，陪伴遊戲或閱讀，一開始時間不宜過長，形成正向的親子互動經驗。給予父親肯定：「孩子喜歡跟你玩，笑得很開心」、「有你陪孩子，讓我輕鬆很多」，增加父親與孩子互動的動機。

（2）循序漸進技能養成

母親可讓父親從簡單的協助做起，給予肯定，帶其熟練後再增加難度，例如：從清洗奶瓶做起 → 然後備好奶粉及水量讓其沖泡 → 熟練後再讓其自行沖泡。謹記避免抱怨，多肯定，有助於技能養成。

（3）肯定父親對孩子的特殊性

父親因生活經驗的不同，可以帶給孩子不同的生活觀，遊玩、溝通的方式也可能與母親不同。當父親有較多的機會與孩子互動，孩子可學習到更多元的思考方式；當孩子與母親因管教有衝突時，父親也可以扮演很好的緩和劑，調節家庭氣氛。

第三章
父母最想知道的教養困惑及應對方式

孩子在不同的環境裡，總會上演各種不同
讓父母傷透腦筋的戲碼，如何針對不同場
合做最合適的親子互動與教養方式呢？煩
惱的父母們，請接著看下去……

環境場景：客廳裡

📖 教養故事：永遠做不完的事

　　星期一晚間六點十五分，廚房裡傳來鏗鏗鏘鏘的炒菜聲，客廳的桌上放著吃到一半的布丁，一旁有半開的鉛筆盒及國語習作本，沙發椅上歪斜的躺著慵懶的書包，餐盒從書包洞口滑落在一旁，房內四處散落各種積木、車子及不知名玩具部件，場景好不熱鬧。電視上正播放機械戰甲大戰，各種光線交替出現，一個孩子右手拿著湯匙、左手拿著鉛筆，正站在電視機前，眼睛裡反射出五彩光束。一瞬間，電視畫面消失了，孩子疑惑的四處張望了一下，赫然發現身旁站著怒氣沖沖的媽媽：「你到底要我說幾百次？」媽媽不等孩子回過神，連珠炮似的說著：「我說吃完點心馬上寫作業，結果你作業沒寫完就跑來看電視！還有，回家第一件事情就是把便當拿出來洗，你看你把客廳搞得那麼亂，叫你趕快收一收，也都不理，到底在忙什麼？現在趕快做一做！」轉身便又回到廚房去，留下一臉茫然的孩子。

★ 教養重點：

- 為什麼講過幾百次的事都記不住？
- 為什麼一件事沒做完，又跑去做別的事？
- 為什麼孩子沒耐心／沒在聽／心不在焉？

 **模擬小劇場——為什麼講過幾百次的事都記不住？**

① 觀察孩子不專心的原因

（冷靜媽望著凌亂不堪的客廳，及正黏在電視機前面靈魂出竅的孩子，等到了廣告時間，靜靜地走了過去，拍了拍孩子的肩）我先把電視關起來一下。

（介入要點：當孩子正在專注某件事情，建議找到空檔介入，較能相對不費力喚起其注意力，強制的中斷其注意力，通常會引起負面情緒，可能無法將接下來要交代的事情聽進去。）

（冷靜媽）你眼睛看我，仔細聽我說，等一下演廣告的時候，電視就關起來，然後把便當盒拿來給我。

（介入要點：確定孩子的注意力在要交代的事情上，清楚說出指令。）

（隨興孩點點頭，心不在焉地回答）好。

（冷靜媽）我剛剛說什麼，你再說一次給我聽。

（隨興孩）拿便當盒給妳。

（冷靜媽）什麼時候呢？

（隨興孩）看完電視。

 （冷靜媽）什麼時候看完電視？

 （隨興孩）演完。

 （冷靜媽）是再看一下，演廣告的時候。

 （隨興孩）好。

（介入要點：確定孩子接受到的指令。）

 冷靜媽重新將電視打開，轉身回到廚房繼續煮晚餐。

2 一次交代一個指令，確實完成後，再交代下一個。

冷靜媽仔細聽著電視上的聲音，接著聽到了熟悉的廣告臺詞，持續觀察孩子是否有動靜。過了一會，孩子帶著便當盒叮叮咚咚的跑進廚房。

（介入要點：下達指令後，要仔細監督是否完成。）

 （冷靜媽）很好，你有記得把便當拿過來，現在去把電視關起來。

 （隨興孩試探地說）不能看了嗎？

（冷靜媽）我們剛剛有說好了，演廣告的時候電視關起來。

（介入要點：孩子可能會想要討價還價，要堅持約定事項。）

（隨興孩失望地說）好～啦。

（冷靜媽）電視關起來以後，把作業和鉛筆盒收進書包，然後再過來找我。

小孩悻悻然地走去客廳關電視，媽媽等了一下子，覺察孩子沒有收東西的動靜，走到客廳發現書包放在桌上，孩子拿著湯匙正要吃剩下一半的布丁。

（冷靜媽走到孩子的身邊）我剛剛是說書包收好以後來找我，不是坐下來吃點心。

（介入要點：必要時要提醒及督促，養成孩子確實執行指令的習慣。）

（隨興孩）可是我布丁還沒吃完。

（冷靜媽）我知道你還沒吃完，只好吃完飯再吃了，現在把布丁和湯匙拿到廚房。

（冷靜媽看著孩子從廚房回來以後）現在把書包放到你的房間裡，出來後將客廳的玩具都收進玩具箱裡。

（隨興孩）收完以後我可以繼續看卡通嗎？

（冷靜媽）我們之前的約定是寫完功課才可以看卡通，你功課完成了沒有？

（介入要點：重申行為約定內容。）

 （隨興孩）還差一點點。

 （冷靜媽）那就沒辦法繼續看，因為功課沒有寫完。

（介入要點：執行行為約定內容。）

 （隨興孩）那我收完以後要幹嘛？

 （冷靜媽）你收完以後來找我，我再告訴你。

（介入要點：避免一次交代過多事項，待孩子可確實執行後，再增加交代的事項。）

3 針對孩子的分心問題，擬定適用的計畫。

晚餐過後，冷靜媽與隨興孩子討論如何幫孩子建立良好的生活習慣。

 （冷靜媽）我發現你有很多事情都做得不錯，例如：你吃完飯會把碗收到洗碗槽、會把曬好的衣服拿到房間放好。

（介入要點：和孩子討論行為約定前，先說「好行為」，再談「需要進步的行為」，避免讓每次談話都落入「又要講我哪裡不好」的感覺，增加孩子願意進行討論的動機。）

　（隨興孩高興的表示）我都有記得對不對。

　（冷靜媽）這些你都記得很好，可是有些事情沒記好就很可惜，例如：便當盒忘記洗或作業忘記寫，隔天到學校就會很麻煩。

　（隨興孩）我有時候會記得啊！

　（冷靜媽）我們來想一些方法，讓你一直都會記得，如果每天都有完成該做的事情，我們就累積點數換獎勵。

　（隨興孩）好啊，那我要換小汽車。

　（冷靜媽）那我們來討論要用幾點才可以換到。

（介入要點：利用「家庭代幣制度」（第四章會詳細介紹）增加孩子的改變動機。）

　　媽媽發現孩子聽話總是左耳進，右耳出，且缺乏組織性，決定使用圖表輔助，讓孩子學習如何逐步完成事項。媽媽與孩子共同製作了一張「回家任務攻略」，媽媽負責寫文字，孩子畫上插圖，貼在客廳的牆上。

🖊回家任務攻略🏓

第一關 → 便當盒拿到洗碗槽 →	1點（點心一份）	
第二關 → 完成回家作業 →	1點	（看電視 or 玩玩具 30分鐘）
第三關 → 收拾玩具 →	1點	

（隨興孩）我現在把玩具收進房間，有一點嗎？

（冷靜媽）可以啊，馬上獲得一點。

（介入要點：立即實作，讓孩子對於點數系統獲得正向經驗及成就感。）

家長還想問

・為什麼一件事沒做完，又跑去做別的事？

　　許多家長都經歷過忙碌了一天，或是在週末想要好好休息一下的時候，看到孩子把家裡搞得一團亂或是該做的事都沒有做，煩躁及無奈的心情油然而至，平時該教該管也沒少，為什麼孩子就是學不會「自律」，什麼事情都要反覆講個好幾遍，做事總是虎頭蛇尾；但若有一天孩子把你交代的每一個細節都完美處理，帶來的可能不是驚喜而是驚嚇，反而還會讓你懷疑「你的孩子不是你的孩子」。要讓孩子學會自律，注意細節，需要循序漸進的改變，除了要適應天生的氣質表現，還要將自律與組織性內化，不妨從以下方向思考：

1. 了解孩子天生的氣質

有些孩子天生對事物的堅持度低，對任何事情都三分鐘熱度，還沒培養出興趣就可能轉向其他的活動；有些孩子的注意力容易分散，只要外界有其他的刺激出現，就容易停下手邊的活動，轉向其他的活動。對於堅持度低的孩子，建議可從其可能感興趣的活動下手，鼓勵孩子再堅持一下，或不斷找出活動中的樂趣及陪伴面對難關，在興趣中培養成就感及增加堅持度。對於注意力容易分散的孩子，則要盡量降低孩子活動時的外界刺激，例如：寫作業在單純的空間及空無一物的桌面進行、玩具採用以物換物的策略，將玩完的玩具收好後才能換下一個玩具。

2. 評估孩子理解的能力

對一些孩子來說，圖像能力可能優於語文能力，或一次記住三件事情對他們來說很困難，也可能是天生的組織能力較差。當我們發現孩子一直無法順利執行一系列的任務，不妨從一次交代一個任務開始練習，也可用圖表輔助，再慢慢增加任務數，增強孩子的組織能力。

• 為什麼孩子沒耐心／沒在聽／心不在焉？

讓我們來思考一下，生活中我們是不是也有沒耐心、沒在聽或是心不在焉的時候，通常是在哪一種情境下呢？可能是事

情太多、心中有煩惱、或太專注在某種活動上。要處理孩子的問題，最重要的一個部分就是了解原因，再來才是對症下藥。當孩子腦中想的是被打斷的事、等一下想做的事、還有很多好玩卻還沒做的事，對於你現在要交代的「正經事」，聽到腦中都會自動轉譯成「@#$%^&*(」，隨便應答個「好」，就可以快點去做自己想做的事情，「反正還會說很多次，到時候再說。」就容易變成孩子做事拖拖拉拉的局面。要讓我們的「指令」變得有效率，建議掌握以下原則：

1. 下指令的時機，增加孩子對指令的「吸收度」。

　　若孩子處在焦慮狀態，建議要先處理其情緒，待其緩和後再下指令。若孩子專注在有興趣的活動中，建議避免打斷其活動，可找休息或轉換活動的空檔介入，否則容易陷入「叫破喉嚨也不會有人回你」的窘境。

2. 監督執行狀況，增加孩子對指令的「重視度」。

　　當確定孩子已經接收到指令之後，要讓孩子知道我們是「來真的」，而不是演習模擬而已。為了建立孩子「重視」指令的習慣，在一開始確實監督每一個執行細節，可降低孩子習慣「不做也不會怎樣」或「逃避責任」的行為。當孩子學會確實執行指令，且在完成任務後獲得家長正面肯定，可以讓孩子感覺「我有能力完成這麼麻煩的事」，有助於增加自我效能感。

教養
小遊戲

遊戲名稱：尋找彩虹國度

★ 目的：增加專注力
　道具準備：無
　道具製作：無

教養小遊戲 QR code

遊戲方式

＊初階玩法

（建議歲數：5 歲以上兒童）

1. 隨時隨地可開始，可限定在某個空間中，也可以行進中，邀請孩子觀察生活環境，輪流找出紅、橙、黃、綠、藍、靛、紫的顏色。

2. 第一位玩家從紅色開始，例如：紅燈，第二位玩家就要接橙色的物品，要以眼睛有觀察到的為主，不可以用想像的方式。

3. 需要在 1 分鐘內接到下一個物品，若超過 1 分鐘則由下一位玩家回答。

4. 每接對一個顏色可獲得一分。

5. 靛色為特別色，接到靛色的玩家可再獲得額外的一分。

6. 接到紫色物品則遊戲結束。

＊進階玩法

（建議歲數：10 歲以上兒童）

1. 隨時隨地可開始，可限定在某個空間中，也可以行進中，邀請孩子觀察生活環境，輪流找出紅、橙、黃、綠、藍、靛、紫的顏色。

2. 第一位玩家從紅色開始，例如：紅燈，第二位玩家可接相同顏色的不同物品，或是不同顏色的相同物品，例如：紅色上衣，或是綠色的燈，要以眼睛有觀察到的為主，不可以用想像的方式。

3. 下一位玩家要想辦法接到下個顏色的物品，例如：紅燈→綠燈→綠色上衣→橙色上衣。

4. 需要在 1 分鐘內接到下一個物品，若超過 1 分鐘則由下一位玩家回答。

5. 每接對一個顏色可獲得一分。

6. 靛色為特別色，接到靛色的玩家可再獲得額外的一分。

7. 接到紫色物品則遊戲結束。

教養小遊戲網址：https://tinyurl.com/y2xoazlq

教養故事：不存在的朋友

　　短針早走過數字 9，長針剛經過數字 2，秒針正滴答滴答的無情向前奔馳，小孩沒有意識到媽媽熾熱的眼光正在掃射，低頭專心地推著車子互相衝撞，口中發出「啾～碰！」，這時候媽媽冷冷地說：「你還要玩到什麼時候？」小孩頭也不抬，漫不經心地回答：「再五分鐘。」約零點一毫秒的時間，媽媽即刻啟動不斷氣碎碎唸模式，「現在都幾點了，每天都玩到這麼晚，到底要不要去睡覺，每天都要一直拖拖拖，要我一直唸唸唸，我也很煩，你現在馬上給我去、睡、覺！」小孩從玩具堆裡彈跳起來，生氣的踱步走向房門口，卻又停在門口遲遲不肯進去，媽媽站在孩子的身後沒好氣地說：「現在又怎樣？」孩子在門口大哭了起來，「我怕裡面有鬼！」媽媽怒氣沖沖的說：「哪有什麼鬼，你馬上給我進去！」孩子一邊哇哇大哭，一邊被媽媽推進房間，然後媽媽冷冷地說一句「晚安」便熄燈、關上房門，門外隱約還聽得到抽抽噎噎地哭泣聲。

★ 教養重點：

- 孩子為什麼不睡覺？
- 孩子真的看到鬼了嗎？
- 孩子說了一個不存在的朋友，為什麼要騙人？

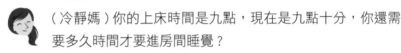

模擬小劇場－－孩子為什麼不睡覺？

1 釐清事件：了解孩子不睡覺的原因

冷靜媽觀察孩子最近睡覺的時間越來越晚，進房間之後也遲遲不肯入睡，拉著要說故事或聊天，講完了三個故事依然精神奕奕。

（冷靜媽）你的上床時間是九點，現在是九點十分，你還需要多久時間才要進房間睡覺？

（介入要點：說明規則，給予結束的準備時間。）

（小孩）十點。

（冷靜媽）你真的還不想進房間？但十點超過太多了，我再給你五分鐘玩一下，然後就要把玩具收好。

（介入要點：讓孩子有機會提出自己的意見，但若過於不合理，除了同理孩子的想法外，要說明理由及給予合理的設限。）

（三分鐘過去了，冷靜媽提醒孩子）還有兩分鐘喔，要開始收拾玩具了。

孩子仍悠悠的在玩玩具。

（五分鐘過去了，冷靜媽）時間到了，進房間吧。

孩子匆匆忙忙地把玩具丟進箱子裡，以龜速向房間前進，走到房間門口突然止住，彷彿有道隱形結界。

（小孩）媽媽陪我。

（冷靜媽）你自己先進去，我等一下就過去。

（介入要點：鼓勵孩子面對，培養獨立性。）

小孩仍駐足在隱形結界前，有石化的趨勢，冷靜媽覺察孩子緊張的神情。

（冷靜媽）我想你現在不想進房間一定有很重要的理由，你可以告訴我你在擔心什麼嗎？

（小孩緩緩的道出）房間有鬼！我……怕……他們在門後面排隊……

（冷靜媽想像了一下鬼排隊的畫面，打了個冷顫，緩了緩心情）好吧，我陪你進去看看。

（小孩很快地跳到床上，拉著棉被）媽媽說故事給我聽，說三個。

❷ 陪伴與討論：和孩子一起討論面對恐懼的方法。

（冷靜媽）說故事之前，我想要知道你說的鬼長什麼樣子，有在哪裡看到嗎？

（介入要點：了解孩子內心的恐懼，找出適當的因應方式。）

（小孩）是骷髏頭的樣子，我覺得⋯⋯在櫃子裡⋯⋯還是會從上面看我。

（冷靜媽覺得頭頂涼涼的）我們來幫骷髏頭取一個名字，你想要叫他什麼？

（介入要點：幫孩子的恐懼具現化，得以從抽象的概念變成具體可以討論的內容。）

（小孩）小吳。

（冷靜媽）好，我們就叫他小吳，你覺得當小吳出現的時候，你要怎麼做，會覺得比較不恐怖？

（小孩）嗯⋯⋯給他頭上戴一朵花⋯⋯可是我怕它會生氣⋯⋯

（冷靜媽）那你有沒有什麼好方法，可以讓它不生氣？

（介入要點：鼓勵孩子找出面對恐懼的方法，因為恐懼來自孩子的想像，方法也要孩子覺得有效才可行。）

（小孩突然眉飛色舞的表示）媽媽我跟妳說，我哥哥很厲害，他有一次遇到骷髏頭，用很厲害的武器打他，骷髏頭就跑掉了。

（冷靜媽心想，又一個想像的哥哥登場了！）喔～～如果有跟哥哥一樣厲害的武器，你就不怕小吳了。

（介入要點：不要否定孩子的想像朋友，通常想像朋友會反應出孩子的內心世界。）

 （小孩失落的表示）可是那個武器只有哥哥有。

 （冷靜媽）你也可以找找看，有沒有什麼東西可以當武器，可以保護你，讓你不怕小吳。

 （小孩東張西望了一下）那我把伊布、六尾、水君擺在門口。

 （冷靜媽）好，這樣你會比較安心。

（冷靜媽接著拿出一個小物件）媽媽送你一個可以保護你的東西，他有神奇的魔法可以讓小吳看不到你，你今天晚上試試看，只要閉上眼睛睡覺就可以啟動魔法。

（介入要點：給孩子一件來自主要照顧者的物件，可增加孩子的安全感。）

 （小孩半信半疑）如果沒效呢？

 （冷靜媽）我每次用都會有效，我就在旁邊的房間，你叫我我就會過來。

（小孩小聲地說）我怕小吳聽到我的聲音。

（冷靜媽）我教你一個 123 魔法，你覺得小吳快出現的時候，可以慢慢的吸氣，數 1、2、3，然後再慢慢的吐氣，數 1、2、3，只要專心的數，小吳就會自己走掉了，我們現在來試試看。

3 **鼓勵嘗試安心的技巧，獲得正向經驗。**

（冷靜媽帶著孩子做了幾次呼吸練習）現在感覺怎麼樣？

（介入要點：教導放鬆的技巧，練習數次，讓孩子熟練技巧。）

（小孩）我還是有一點怕。

（冷靜媽）那你繼續數 123，邊睡覺，我會在外面做事，睡之前會過來看看你，晚上還有伊布、六尾、水君幫你擋在門口，護身符也可以保護你。

小孩抓著護身符，眼睛閉上，冷靜媽幫孩子拉好被子，摸摸他的頭。

（介入要點：給予安心再保證，協助孩子放鬆入眠。）

家長還想問

‧ 孩子真的看到鬼了嗎？

比起探索孩子是否真的見鬼，觀察孩子是否有恐懼來得容

易的多，教孩子怎麼應對恐懼也比教驅鬼大法來得容易。若孩子遇見的鬼好玩又有趣，孩子也不覺得恐懼，不妨進入孩子的世界同樂。若孩子遇見的對象總是能引起萬分恐懼，即便再無害的物件也值得重視。

• 孩子說了一個不存在的朋友，為什麼要騙人？

　　認知發展理論中，2～4歲的孩子會認為所有的物件都是有生命的，隨著想像力及創造力的發展，孩子可以到世界的任何一個角落旅行，自由穿梭在現實與夢幻國度中。幻想中的朋友總在孩子需要的時候出現，有時是想了個好玩的遊戲卻沒有玩伴，或是有了煩惱想找人商量，多數的家長覺得自言自語玩著家家酒的孩子可愛，但當孩子誇張的說著和某個哥哥打敗了一隻超級怪獸或將打翻的牛奶推給想像朋友，家長腦中可能會閃過孩子在「亂說」、「說謊」的想法，如果順著孩子的想像和孩子談話，會不會「助長」孩子的幻想，脫離現實。隨著發展，孩子會漸漸學會幻想與現實的界線，透過孩子的語言與之交談，跟著想像中的哥哥一起打擊怪獸，看似夢幻，但也真實的協助孩子克服恐懼的感覺，透過與孩子討論如何協助幻想朋友下次不打翻牛奶，同樣可以讓孩子學會修正錯誤的方法，畢竟這些想像的同伴也就是孩子的一部分。

教養
小遊戲　　遊戲名稱：捉鬼大師

★ 目的：安全感小遊戲

教養小遊戲 QR code

道具準備：卡片數張、鉛筆或色筆、加蓋空罐／盒子、護身符、
　　　　　捉鬼武器

✂ 道具製作：

1. 製作恐懼卡：和孩子一起將恐懼的事物畫在卡片上，可製作多張。

2. 製作放鬆活動卡：和孩子將有趣的活動畫在卡片上，例如：跟身邊的伙伴抱三秒鐘、說一句悄悄話、躲進被子裡、像棉花一樣飛起來、做一個鬼臉……可以幫助孩子放鬆或發笑的活動，建議不要先看到對方寫的有趣活動。

3. 製作獎勵卡：家長製作三張祕密獎勵小卡，例如：吃一份點心、看一集卡通、晚睡 10 分鐘……讓孩子完成遊戲後可不限時間兌換。

4. 捉鬼罐／盒：可將收集到的恐懼卡片放進空罐或空盒裡，可在罐子／盒子的表面做一些設計，例如：禁止符號、魔法標誌等等。

5. 護身符：任何可以讓孩子感到安心的象徵物品，預先放在捉鬼罐／盒中，象徵會鎮壓住抓到的恐懼。

6. 捉鬼武器：任何一個讓孩子拿在手上有保護感的物件，例如：玩具刀、玩具槍、軟球棒、布偶等等。

遊戲方式

1. 家長將所有製作好的卡片藏在家中的任何角落，尤其是孩子最懼怕鬼會出現的的角落，在有恐懼卡出沒角落，記得要搭配放鬆活動卡或獎勵卡，卡片的擺設方式記得要正面朝下，需要孩子翻過來才可以知道是什麼卡片。

2. 幫助孩子著裝，陪伴孩子帶著捉鬼罐／盒及捉鬼武器出發，找到恐懼卡則要馬上放進捉鬼罐／盒裡，若是找到放鬆活動卡，則要照指示作活動，獎勵卡可以收進口袋裡。

3. 找完所有的卡片，遊戲結束。

＊初階玩法
第一次遊戲時，可由家長陪伴遊戲。

＊進階玩法
待孩子已熟悉遊戲，並稍可克服恐懼，可將放鬆活動卡移除，鼓勵孩子獨自捉鬼及發現獎勵卡，如果感到緊張，記得使用放鬆技巧。

＊高階玩法
當孩子已可克服多數恐懼，可將卡片正面朝外，設置在沒有黑暗的房間內，鼓勵孩子用手電筒搜尋，並提醒，感到緊張時，可用先前放鬆活動的方法讓自己放鬆。

教養小遊戲網址：https://tinyurl.com/yyr8vgoq

教養故事：他不借我玩具槍

　　三月的天空晴朗多雲，空氣中瀰漫春日的青草花香，下午四點的公園遊戲區裡，孩子三五成群，和玩伴們嬉笑奔跑，父母們有些陪伴在幼兒身邊溜滑梯、盪鞦韆，有些放空發呆、低頭滑手機，享受短暫的個人時光。突然一陣尖銳的哭泣聲劃破了此刻的寧靜，一個約莫五歲左右的孩子在哭泣，身邊有三四個年紀相仿的孩子正在圍觀，遠遠走來一位家長，神色嚴肅的詢問著圍觀的孩子：「發生什麼事？」孩子們七嘴八舌地描述「他推他」「他們搶玩具」……一個手中握著玩具槍的孩子表示：「我又沒有要給他……我沒有推他。」幾個圍觀的孩子看氛圍不對勁默默地離開，哭泣的孩子抽抽噎噎的說不清楚，家長試著安撫哭泣的孩子：「要吵架就不要玩了。」「再哭就回家了……」孩子們轉移陣地到別處去玩了。孩子哭著表示「我不要回家」，慢慢地止住哭聲，家長看他不哭了就離開現場，留下孩子一個人在原地溜滑梯。

★ **教養重點：**

- 要怎麼處理孩子的紛爭？
- 孩子被欺侮要怎麼辦？為什麼都用哭的？
- 教孩子如何處理人際衝突／處理負面情緒／適當的表達內在想法及感受

模擬小劇場－－如何協助處理紛爭

1 釐清事件：請當事者輪流描述發生了什麼事

（冷靜媽溫和的詢問）來，沒關係，告訴阿姨發生什麼事了？

（介入要點：保持中立及安撫，避免引起現場孩童可能要被責難的不安情緒）

（小孩Ａ憤怒的表示）他拿我的玩具，我又沒有要借他，沒跟我講就拿走，偷人家東西！

（小孩Ｂ一把眼淚一把鼻涕）嗚嗚嗚～～他……推……我……嗚嗚嗚～～

（小孩Ａ）我又沒有推你，你拿我玩具，我拿回來而已。

（冷靜媽）哇，這個玩具很熱門，大家都想玩，你也想玩，對嗎？

（小孩Ｂ邊哭邊點頭）嗚嗚嗚～～

（冷靜媽看向小孩Ａ）可是你還想玩，所以不想借別人，看到他拿去玩，你就把它拿回來，對嗎？

（中立描述：照顧到雙方的想法及情緒，避免使用搶、偷、推人、打人等會引起雙方情緒的詞彙或針對他人的字眼，例如：不想借「別人」比起不想借「○○」，較無針對性，也可教導孩子怎麼用非情緒化的方式描述事件。）

（小孩Ａ）對。

（小孩Ｂ仍然淚眼婆娑）嗚嗚嗚～～

（冷靜媽微笑面向小孩Ａ）謝謝你跟我說發生什麼事，你先去玩，等一下有機會他再去找你們玩。

（冷靜媽看著小孩Ｂ的眼睛）我很想知道你發生什麼事，可是你一直哭說不清楚，我陪你一下，等你哭好了，我再聽你好好說。

（協助情緒冷靜：陪伴孩子哭泣，可以試著轉移注意力，「你看，那個小朋友鞦韆盪好高」、「ㄟ，那是什麼」、「晚餐我要煮一個特別的」，或引導簡單放鬆技巧「來，深呼吸，跟媽媽做，吸氣123，然後吐氣123」……）

2 提出解決的方案

（冷靜媽）我覺得你很努力讓自己冷靜下來，很棒！你想要說說看，剛剛發生了什麼事情了嗎？

（小孩 B）剛剛他放在旁邊沒有要玩，我就去拿來玩，他就過來就用搶的搶回去，還推我一下。

（冷靜媽）你真的很想玩那個玩具槍，後來想說沒有人要玩了，借一下沒關係就拿了，但是人家發現你拿了他的東西，就過來拿回去，你感覺被他推了一下，生氣又難過。

（處理要點：重複孩子的話，表示能同理孩子的情緒，協助釐清事件，教導孩子覺察及適當表達內在想法和感受）

（小孩 B）我有跟他借，他都沒有理我。

（冷靜媽聽懂小孩 B 的內在想法）所以你有先好好說，可是他沒有理你。

（小孩 B 委屈的點點頭……）

（冷靜媽溫和的看著小孩 B 的眼睛說）但你知道嗎？如果別人沒有同意，就拿走東西的話，會被人家以為是偷東西。

（小一點的孩子需要直接教導法治概念，大一點的孩子可引導孩子思考行為的適當性）

（小孩 B 眼神有些飄忽不定）……

（冷靜媽安撫孩子的不安）我知道你不是故意的，若你真是很想玩，還有沒有什麼好方法呢？

（小孩 B 無奈的表示）還是只能先問啊，可是他又不一定會借。

（冷靜媽）對啊，他是玩具的主人，他可以決定玩具要不要借你；借不到玩具的話，你還可以做什麼呢？

（教導孩子要尊重他人，當事情不如己意時，如何調適情緒，增加彈性思考的能力）

（小孩 B 環顧了遊戲場四周）只好先去玩別的，或是和別人玩鬼抓人。

（冷靜媽）這個辦法不錯，下次做做看。

（小孩 B 突然靈光乍現）啊！我下次帶玩具來跟他交換玩好了。

（冷靜媽）這個方法也很好，下次帶過來試試看。

（透過正視孩子遇到的困難，了解其感受，一起面對及不斷的討論、鼓勵，可增加正向親子互動及孩子的情緒調節技巧。）

❸ 試行並和解

（冷靜媽）你現在心情有沒有好一點？還想過去跟他們玩嗎？

（小孩B）有一點不想。

（冷靜媽覺察到小孩B的擔憂）怕人家不理你嗎？

（小孩B頭低低，默不作聲。）

（冷靜媽）那我可以怎麼幫你？需要陪你過去嗎？

（小孩B小聲的表示）我可以自己過去。

（冷靜媽）我發現你已經幫自己冷靜了，也鼓起勇氣繼續跟他們玩，我覺得這樣很棒。

小孩B看著前方遊玩的孩子群，沒有立刻加入他們，先走向比較近的盪鞦韆盪了兩下，再爬上遠一點的溜滑梯，滑下來後才慢慢走向他們……

（最終回：當孩子可以冷靜下來進行溝通，要給予肯定。鼓勵孩子重新融入群體，學會如何修復關係，避免在人際衝突後，經歷社會孤立的負向經驗，影響日後參與社交情境的意願）

家長還想問

‧ 孩子被欺侮怎麼辦？

　　孩子間難免有紛爭，可能會經歷被孤立、被誤會、被誣陷……等人際挫折，劇情好比八點檔，上一刻還手拉手的互許承諾「你是我永遠的好朋友。」下一刻就「哼，我再也不跟你好了！」彷彿今生永不相見。個性大而化之的孩子，可能無所謂的繼續和其他同學玩（剛剛一切都是幻覺），敏感的孩子可能就躲到角落生悶氣畫圈圈，失去和人互動的信心。要怎麼幫助孩子表達「內在想法及感受」，從人際挫折中重獲信心，家長可掌握以下原則：

1. 鼓勵孩子分享「今天過得怎麼樣？」

　　家長每天可利用 5 ～ 10 分鐘的時間，和孩子互相分享今天過得如何，家長可以先簡單描述自己的一天，分享一些軼事，鼓勵孩子也說說今天過得如何，讓孩子習慣不管遇到了什麼好事、壞事，都可以在這個時光輕鬆分享。

2. 接納孩子所描述的想法和擔憂

　　家長要「正視」及「接納」孩子所提出的想法和擔憂，即便在我們眼中覺得沒什麼的「小事」，可能都是足以讓孩子感

到世界崩塌的「大事」，避免使用「那又沒什麼」、「不要想
太多」等否定孩子的擔憂，這樣的反應可能會讓孩子把擔憂往
肚裡吞，而非降低內心的擔心。可以試著使用「這件事真的讓
你很擔心」、「聽起來你真的很難過」，當孩子感到被接納，
覺得有信任的大人可以陪伴度過難關，通常可有效降低內在的
擔心。

3. 陪伴孩子一起面對，鼓勵身體力行

　　當孩子說出內在的擔憂，家長可以和孩子一起討論，當下
次遇到相同的情境時可以怎麼做，包括怎麼做可以避免被誤會；
如果他又欺侮你，你可以找誰幫忙；或是大家都不理你的時候，
想什麼可以讓自己的心情好一點。幫助孩子在下次遇到困難時，
有信心面對，建立成功的經驗。

• 為什麼都用哭的？

　　遇到什麼事都用哭的孩子，常常讓家長又氣又急，「你都
不說清楚，我要怎麼幫你！」讓原本想要幫忙孩子解決困難的
「助力」，反而變成孩子要說出困難的「阻力」。當孩子還沒
有學習到用「不哭」的方式好好說事情，遇到困難的時候還是
會用習慣的方式來反應，就是「先哭再說」，一旦哭到忘我，

其實也沒有說的機會了。要幫助孩子處理「負面情緒」，建議可依照以下步驟：

1. 讓他哭個夠

　　幫助孩子接納所有的情緒狀態，哭和笑一樣都是自然的情緒，一昧的禁止，並不會讓情緒消失，反而會從意想不到的地方展現出來（例如：頭痛、胃痛、莫名煩躁、驚恐等），準備安全的空間和足夠的時間，讓孩子有機會宣洩情緒，這個階段家長僅需要安靜陪伴即可。

2. 哭完擦擦淚

　　陪伴孩子哭泣時，可告訴孩子你會一直陪著，如果有需要可以幫你擦擦淚，哭完之後會聽你好好說。可以透過五感，幫助孩子放鬆（例如：拍拍背、好聞的味道、柔和的音樂、喜歡的飲料、有趣的影片），讓孩子學習情緒調節的技巧。

3. 安靜聽他說

　　當孩子冷靜下來後，鼓勵孩子描述所遇到的困難，讓孩子學習到「即使說出遇到的困難，也不會被責備，會有人陪我面對解決」的正向經驗，加強孩子下次願意用不哭的方式說事情的動機。

教養
小遊戲
　　　遊戲名稱：發生什麼事？

★ 目的：教導孩子學習使用人、事、時、地、
　　物的訣竅，把事情說清楚，增加口
　　語表達能力。

教養小遊戲 QR code

道具準備：名片卡一盒、簽字筆、口紅膠、各類圖檔

✂ 道具製作：

1. 將卡片分成六份，每份代表一種類別。

2. 在每張卡片寫上與該類別有關的項目，每張卡片只寫一項。

類別一：人物卡（爸爸、媽媽、姊姊、弟弟、老師……）

類別二：時間卡（早上、中午、下午、晚上、凌晨……）

類別三：地點卡（廚房、客廳、車子裡、馬路上……）

類別四：物品卡（桌椅、衣物、刀子、杯碗……）

類別五：事件卡（摔倒、睡著、吵架、跑步、吃喝……）

類別六：情緒卡（高興、生氣、難過、害怕）、隱藏卡片（自由發揮）

3. 卡片內容可依據孩子的年齡做調整，建議使用符合孩子年齡
　的語句及日常生活中會遇到的具體事物為主。

4. 將圖檔黏貼在卡片上，卡片的下方寫卡片名稱。

遊戲方式

＊玩法一

創意故事（適用六歲以上）

1. 讓孩子使用卡片說一個連續的故事。

2. 每一種類別皆要用到。

3. 不限卡片數，用的越多，得分越高。

＊玩法二

一個事件（適用十歲以上）

1. 從類別一至五的卡片中，每個類別隨機抽取一張卡片，依序排在桌面上。例如，抽到的卡片為「大哥哥／晚上 12 點／車子裡／椅子／說話」。

2. 請孩子說一個正在發生的事情。例如：「大哥哥晚上 12 點在車子的椅子上說話」。

3. 依據使用的卡片數計算分數，五張卡片都有說到得 5 分。

4. 依照故事的合理性可額外加 1 分。例如：「大哥哥晚上 12 點在車子的椅子上自言自語」。

5. 當故事的合理性足夠，可再抽取一張類別六的卡片。例如，抽到的卡片為「害怕」。

6. 完成完整的事件可再加 1 分。例如：「大哥哥晚上 12 點在車子的椅子上，害怕的自言自語」。

教養小遊戲網址：https://tinyurl.com/y44untvc

環境場景：餐廳裡

📖 教養故事：無所不在的彈跳椅

和許久未見的友人相約週末聚餐，比約定時間早到了 10 分鐘，在親切服務生的招呼下，選擇了窗邊的位置坐下。等待友人來到的期間，環顧了一下餐廳四周，餐廳裡光線明亮，溫度和宜，裝潢充滿著南法風情，正播放著輕快的爵士樂。店內客人約有七、八成，有朋友、情侶、單身客、小家庭，幾張空桌上擺著「已訂位」的牌子，餐廳氣氛優閒而寧靜。這寧靜片刻被友人打斷，一陣寒暄後，開始點餐、用餐、話家常，餐廳客人陸續到來，氣氛開始熱絡起來，隨著最後一組客人到來，熱絡氣氛達到最高點，此時店內播什麼音樂已經聽不清楚。似乎是三代同堂的親戚聚會，一代長輩開始大聲互相交談，誰家子孫不長進；二代家長安靜滑著手機；三代小孩一臉無聊，扭動著屁股，玩著桌上的餐具、水杯，在小孩的一個 move 後，水杯從餐桌翻落，水灑了孩子、父母一身，父母大罵，小孩大哭，長輩手忙腳亂的安撫小孩，然後所有客人的用餐時光，就在無限循環的各種小孩跑跳、喧譁、哭鬧，家長威脅責罵及長輩碎唸中度過。

★ 教養重點：

- 孩子坐不住怎麼辦？
- 孩子不叫人怎麼辦？
- 孩子不會看情境亂說話怎麼辦？

 模擬小劇場－－孩子坐不住怎麼辦？

1 在家培養用餐氣氛及習慣

 （冷靜媽）要準備吃飯了，把桌子上的東西收一收。

（介入要點：清除桌面雜物，養成專心吃飯的習慣。）

 （扭動孩）我還想再玩一下。

 （冷靜媽）我們五分鐘以後開飯，收好以後過來幫忙拿碗筷。

（介入要點：給予準備時間，交代任務。）

 （扭動孩）好，等我一下。

過了三分鐘，孩子仍不見動靜，冷靜媽走出去查看情況，發現孩子正在塗鴉，一旁還有小玩偶和積木。

 （冷靜媽）還剩兩分鐘，你現在畫的這個還需要多久時間？

（介入要點：了解孩子拖延的原因，避免強行中斷孩子正在專心的事情。）

 （扭動孩心不在焉的表示）再一下下。

（冷靜媽）沒辦法等太久，因為馬上要吃飯了，把臉畫完就好，沒完成的部分等吃完飯再畫。

（介入要點：給予行為設限，提供可行的方案。）

（扭動孩沒有要停下來的意思）我快畫完了。

（冷靜媽等孩子將臉的部位畫完）哇，這個畫得很特別，我發現有一個尖尖的東西。

（介入要點：若孩子無法中斷行為，可試著轉移其注意力，將動作停下。）

（扭動孩停下筆開始說明）對阿，這個是他的武器，會噴出毒液，還會放出電擊。

（冷靜媽）聽起來超厲害的，很想知道畫完是怎樣，但是現在要先收起來，等吃完飯我再看你畫。

（介入要點：正向回應孩子的分享，給予明確指令，增加執行命令的動機。）

（扭動孩開心的表示）會很強喔！

（冷靜媽）好，把桌上的玩具也一起收進盒子裡，然後我們一起去廚房拿碗。

（介入要點：當孩子無法有效執行指令時，建議帶著孩子做幾遍，增加孩子成功執行指令的行為。）

（扭動孩快速的將桌面東西收進盒子裡）我收好了。

（冷靜媽）收的很好，真是收東西的高手。

（介入要點：肯定孩子的正向行為。）

冷靜媽協助孩子將用餐的碗筷及餐點擺好，開始今天的晚餐。

（扭動孩熱切的表示）我想要看卡通。

（冷靜媽）我們要先專心吃飯，吃完可以看 30 分鐘。

（介入要點：養成良好的飲食習慣。）

（扭動孩）可是這樣很無聊。

（冷靜媽）我們可以來聊聊天。

（介入要點：提供吃飯時可以做的活動。）

2 外出用餐的準備

（冷靜媽）這個週末阿公阿嬤會來，我們要帶他們去吃飯，還有臺北的叔公、姨婆也會一起來。

（介入要點：預告聚餐活動，讓孩子有準備，降低焦慮情緒及負向行為的發生。）

 （扭動孩）蛤～我不想要去。

 （冷靜媽）你想到什麼，所以不想去呢？

（介入要點：了解孩子抗拒的原因。）

 （扭動孩）他們都會一直看我，然後一直講無聊的話，反正就是不想去。

 （冷靜媽）他們會忙著聊天吃飯，我也會請他們不要看你，你就專心吃你的飯就好。

（介入要點：提供可行方案，降低孩子的焦慮。）

 （扭動孩）可是會很久，很無聊。

 （冷靜媽）你可以帶一些你喜歡的東西，吃完可以玩。

（介入要點：準備外出用餐排解無聊的東西。）

 （扭動孩）我可以帶平板去抓寶嗎。

（冷靜媽）玩寶可夢的時間是下午四點，不適合，想想看別的東西。

（介入要點：避免用餐時搭配 3C 產品，吸引力太強而無法專心進食。）

（扭動孩洩氣的表示）那就什麼都不要帶了。

（冷靜媽）不能玩讓你很失望，到週末還有時間，你可以慢慢想。

（介入要點：孩子可能會因為抗拒的情緒而拒絕討論，家長還是可以幫孩子準備一些排解無聊的活動，以備不時之需。）

③ 用餐時的觀察及處理

到了週末聚餐的時間，孩子顯得悶悶不樂，一路上表示不想去吃飯……

（扭動孩生氣的抗議）我就是不想去！

（冷靜媽）我們可以提早去，在附近走走逛逛，看有什麼好玩的。

（介入要點：協助孩子熟悉陌生情境，轉移孩子的注意力，降低負向情緒。）

（扭動孩）他們都會一直看我。

（冷靜媽）我會幫你，請他們先不要一直注意你，你就先專心吃飯就好。

（介入要點：降低孩子的社交焦慮，說明當下可以給予的協助。）

餐點遲遲未上桌，大人們聊得熱絡，孩子仍滿臉無聊，玩弄著桌上的的餐具，也不理會長輩親友的噓寒問暖。

（長輩一）怎麼都不理人，不可以沒有禮貌。

孩子聽了嘴巴嘟得更高，扭動著身體，大力撥弄餐具及餐巾紙。

（長輩二）小孩脾氣這麼大，怎麼可以。

（冷靜媽見氣氛不對勁，孩子也在暴走的邊緣，輕聲對孩子說）陪媽媽出去走一走。

（介入要點：觀察孩子的情緒狀態，避免暴走後才處理。）

冷靜媽向同桌親友告知暫時離席，帶著孩子出去走走。

（扭動孩生氣的跺腳）我想要回家。

（冷靜媽）我可以在這裡陪你，但沒有辦法先回家。

（介入要點：說明陪伴及原則。）

 （扭動孩）那還要很久。

 （冷靜媽）我們先到處走一走，等你心情好一點再進去。

（介入要點：提供目前可協助緩和情緒的辦法。）

　　冷靜媽帶著孩子在同一條路上來回閒晃，聊一些有趣的話
題，孩子的心情好了一些。

 （冷靜媽）我走得有點累了，想坐下來吃東西，我看他們都
在吃東西了，我們也進去吧。

（介入要點：待孩子心情緩和，鼓勵再次回到聚會場合。）

 （扭動孩）進去他們會看我，我要躲在妳後面。

　　冷靜媽回到餐廳後，請長輩不要太關注孩子，鼓勵孩子專
心用餐，賦予一些任務（例如：發紙巾），聚餐在祥和氣氛
中結束。

家長還想問

・ 孩子不叫人怎麼辦？

對家長來說，在有外人在場的聚會中，就好像參加一場家教大會考。僅管肯定自己的孩子善良、貼心、對他人友善，也明白孩子的教養及成長並非一時一刻，但當孩子在外人面前脫序演出時，仍不免感到困窘，擔心被他人視為「失敗的父母」及「沒家教的小孩」。要怎麼讓孩子在社交場合中舉止得宜，這是一門適合終身學習的技術，我們僅能擔任領進門的師父，修行還是看孩子個人，成效如何和孩子的特質與是否有興趣學習社交課題有關，要怎麼增加孩子的社交能力，建議可從兩個方向思考：

1. 孩子的特質

有些孩子天生的氣質就是需要較常的時間適應新的環境，或是不敢嘗試新的事物，建議在聚會前可清楚告知孩子有哪些人一起聚會，在什麼地點，會進行什麼活動，時間大概多久，對於陌生的人物可利用照片，說些和這個人有關或有趣的事情、和家長之間的關係，必要時可提前到達會場，讓孩子先熟悉環境，也可讓孩子知道若對情境感到緊張時，可以做的活動（例如：

畫畫或玩拼圖）。可提醒聚會的親友不要把焦點放在孩子身上，給予孩子一段時間熟悉這個聚會的場合；聚會結束後可鼓勵孩子與大家道別，建立正向的社交互動經驗。當孩子已經熟悉聚會的人物及模式，待下一回原班人馬進行聚會時，再鼓勵孩子與他人打招呼，用循序漸進的方式，讓孩子學習適當的社交方式。

2. 父母的反應

　　家長可能花了很多力氣在「行前教育」，以為已經為聚會做了萬全準備，但孩子會因為各種不同的原因，突然脫序演出（例如：突然鬧脾氣、過度興奮或行為不受控），要怎麼讓這場聚會變成孩子正向的社交經驗，考驗的是父母的臨場智慧。逼著孩子演出全套「乖孩子」的劇碼絕非良策，在聚會的場合中和孩子討論為什麼不想配合、遇到了什麼困難、要怎麼幫忙他，其實也不是適合的場所。建議的做法是，將孩子暫時帶離聚會的場合，走一走、逛一逛，轉移孩子的注意力，緩和情緒及行為，告知一段時間後仍會回到聚會場合，但這段時間會陪著他，可以討論回到聚會後，他可以做的活動。當孩子成功的回到聚會場合，至少學會如何調節自己的情緒、在不感興趣的聚會中學會自處，若孩子在聚會最後可與大家道別，這無非又是一個正向社交經驗的累積，增加孩子下次可成功參與聚會的信心。

• 孩子不會看情境亂說話怎麼辦？

　　當孩子不合時宜發言時，我們要思考孩子發言的動機，可以觀察孩子是否能理解不同的情境，再來要考慮孩子衝動控制的能力。通常四歲以上的孩子才能較精確從別人的角度看待事情；六七歲以上的孩子才能考慮到較多的環境訊息，衝動控制的能力依照孩子的特質而有所不同。每個孩子會依天生的氣質及後天的教養環境不同，而有不同發展速度，需要依孩子的狀況調整教導的方式。

　　當我們確定孩子能夠有效的辨識情境，也有良好的衝動控制能力，那就要考慮孩子這個行為背後的動機，例如：是展現幽默、引起注意、引發爭論或激怒他人。針對不同的動機及發展年齡也有不同的應對方式。當親子關係良好時，所有的動機及情緒都有機會作事後的討論與修正；但親子關係不良時，建議要透過第三者的協助，避免在討論的過程中更加深了親子間的鴻溝。

教養
小遊戲

遊戲名稱：可以不可以

教養小遊戲 QR code

★ 目的：教導孩子辨識情境，表現適當的行
為反應。

道具準備：名片卡、圖檔、膠水

✂ 道具製作：

1. 製作圖檔（建議 5cmX6cm）
   建議可以 1. 從網路上下載免費圖檔。
   　　　　 2. 拍照列印。
   　　　　 3. 自行繪圖。

   場景圖：各種常見的情境，例如：客廳、廚房、廁所、馬路上、
   　　　　大賣場、親戚家、上課中、教室裡、學校走廊、操場、
   　　　　山上、海邊……

   動作圖：各種常見行為，例如：跑步、聊天、睡覺、喝水、
   　　　　吃東西、大叫、翻滾、安靜坐著、玩手機、跳來跳去、
   　　　　走路……

2. 將圖檔貼在名片卡上，下方留約 2cm 的空間。

3. 在卡片下方空白處寫上場景／動作名稱。

4. 準備空白卡片數張：寫上「我確定都沒有」。

5. 強化卡片（加膜）：將卡片護貝。

遊戲方式

＊玩法一

1. 指定一位遊戲主持者。

2. 將所有的場景圖散落在桌面。

3. 遊戲主持者隨機翻一張動作卡，唸出指令。例如：翻開的卡片為「跑步」，主持者可下指令「請找出適合跑步的場景」或「請找出不適合跑步的場景」。

4. 所有玩家要進行搶牌，一次僅能搶一張牌。

5. 若檯面上無適合的場景，則可選擇拿空白卡 。

6. 計分：

(1) 場景卡答對者可得一分。

(2) 檯面上已無適合場景時，拿空白卡者可得二分。

(3) 檯面上若還有適合的場景，拿空白卡者扣一分。

＊玩法二

1. 指定一位遊戲主持者。

2. 將所有的動作圖散落在桌面。

3. 遊戲主持者隨機翻一張場景卡，唸出指令。例如：翻開的卡片為「客廳」，主持者可下指令「請找出適合在客廳做的事情」或「請找出不適合在客廳做的事情」。

4. 所有玩家要進行搶牌，一次僅能搶一張牌。

5. 若檯面上無適合的動作卡，則可選擇拿空白卡 。

6. 計分：

(1) 動作卡答對者可得一分。

(2) 檯面上已無適合動作時，拿空白卡者可得二分。

(3) 檯面上若還有適合的動作，拿空白卡者扣一分。

教養小遊戲網址：https://tinyurl.com/yxpvrjzd

教養故事：地板動作大師

　　在假日的美式大賣場裡，人山人海，滿坑滿谷的手推車，購物時除了閃人還要躲車（偶而會遇到把推車當賽車的孩子），還好多數的孩子都被吸引在 3C 區，玩著免費的手機及平板遊戲；書籍區孩子席地而坐，玩具區更是黏住了孩子的目光及雙手。蔬果區一位經驗老到的老婦人正火眼金睛的掃視高級水果，雙手也不忘確認每顆水果的品質，一旁的小孫子吵吵鬧鬧地催促著：「阿嬤，我想要買玩具。」老婦人不以為意的繼續挑著水果說：「阿嬤買水果給你吃。」小孫子開始扭動身體吵鬧著：「我不要水果，我要買玩具。」拉著阿嬤的手，身體與地板呈現比薩斜塔的斜度，試圖將其拉向玩具區。老婦人不動如山，小孫子手一滑，跌落在地上開始放聲哭泣，成功吸引路人的注目禮。阿嬤顯得有些慌張，哄著小孫子：「阿嬤錢帶不夠啊，我叫媽媽明天帶你來買……」

★ **教養重點：**

- 該不該給孩子買玩具？
- 什麼玩具適合孩子？
- 該不該給孩子零用錢？

模擬小劇場－－該不該給孩子買玩具？

 1 說明購物的目

 （冷靜媽）我們等一下要去大賣場買東西，要去買一些拜拜用的東西。

（介入要點：預告行程及目的。）

 （要求孩）那我可以買玩具嗎？

 （冷靜媽）我們可以逛逛玩具區，看看有什麼好玩的，但你已經有很多玩具，所以這次不會買。

（介入要點：表明立場，提出可接受的方式。）

 （要求孩有些失落）同學都有戰鬥陀螺，就我沒有。

 （冷靜媽）你可以把它寫進獎勵品裡面，集點數來換或是存零用錢來買。

（介入要點：說明想要的東西沒辦法馬上獲得，但可以努力的方向。）

 （要求孩嘟著嘴巴）那還要很久，同學都說好要交換玩了。

（冷靜媽）那就很可惜，趕快寫進去獎勵品，下次就有機會換了。

（介入要點：堅定立場，讓孩子透過努力獲得，增加正向行為，學習延宕滿足。）

（要求孩）那我可以買其他東西嗎？

（冷靜媽）你想要買什麼？

（介入要點：了解孩子的需求。）

（要求孩）鉛筆、橡皮擦、筆記本之類的。

（冷靜媽）鉛筆和橡皮擦都還有，所以不會買；筆記本你想用來做什麼？

（介入要點：教導購買「需要」的東西。）

（要求孩）可以寫一些事情，或是無聊拿來畫畫。

（冷靜媽）我們去那邊看看，有沒有你需要的樣式。

（介入要點：不否定孩子的需求，了解想法，陪伴挑選。）

2 堅定原則，陪伴購物

要求孩駐足在玩具區，手中拿著一盒戰鬥陀螺反覆觀看，戀戀不捨。

（冷靜媽）你這盒看了好久，你真的很喜歡。

（介入要點：觀察孩子的情緒狀態，給予同理。）

（要求孩）對啊！這種最強，我們班一號就有這一個。

（冷靜媽）那就把這一個寫進獎勵品裡，等點數夠了再來換。

（介入要點：堅決不購買的立場，鼓勵其可用正向行為換得，訓練延宕滿足的能力。）

（要求孩）那時候就沒有了，可以先買來放著嗎？

（冷靜媽）沒辦法先買，要換的時候再來看，到時候說不定有最新型。

（介入要點：堅定原則，協助孩子正向思考，增加思考的彈性。）

（要求孩失望的放下手中的盒子）都不能買。

（冷靜媽）我們去看看有沒有你想要的筆記本。

（介入要點：協助孩子轉移注意力。）

 （要求孩看到有著寶可夢圖案的文具組）我想要買這一個。

 （冷靜媽）鉛筆和橡皮擦都還有，所以這次不會買。

（介入要點：說明購物原則。）

 （要求孩試著說服媽媽）這個不一樣，還有尺和筆記本，這樣很划算。

 （冷靜媽）我們只需要筆記本，所以去看有沒有你需要的筆記本。

（介入要點：堅定購物原則，讓孩子學習避免購買不需要的東西。）

 （要求孩精細挑選了一本橫線的小筆記本）那我要買這一本。

 （冷靜媽）你什麼時候要用呢？

（介入要點：了解孩子是否有按照需求挑選，或是一時興起。）

 （要求孩）我要記一些事情，也可以裝進小背包裡，無聊的時候可以畫畫。

　　（冷靜媽）嗯，這個大小裝進小背包剛剛好，有橫線寫字也很方便，你很會挑。

（介入要點：肯定孩子經過思考的行為。）

③ 鼓勵使用正確購物下的物品

　　要求孩在等待用餐時覺得百般無聊。

　　（冷靜媽鼓勵孩子）現在剛好可以用你買的筆記本耶。

（介入要點：提醒孩子使用的時機，避免買來不用，造成浪費。）

　　（要求孩開心的表示）對耶！

　　（冷靜媽）我們來玩賓果遊戲，我教你怎麼玩。

（介入要點：和孩子一起使用物品，建立正向經驗。）

　　（要求孩一邊玩一邊對戰鬥陀螺念念不忘）我還是很想買戰鬥陀螺。

　　（冷靜媽）那我們來想想要用幾點來換，寫在筆記本上面。

（介入要點：提高購買物品的使用率，肯定其依照真正需求購物的行為。）

• 什麼玩具適合孩子？

孩子可以成功及正向的發展，遊戲是很重要的一環，孩子透過遊戲來認識世界、觸發創造力、與他人建立關係、互動及情緒調節。多數的遊戲，不需要玩具也可以進行。我們很容易就發現，一個充滿聲光效果、多重機關的玩具，一開始總能吸引孩子的目光，家長也會無限想像孩子玩了之後，智商大開，或是可以偷閒片刻，但到最後這一類的玩具最後都會被束之高閣，最好玩的都是別人手上的那一個。當有人和孩子一起玩時，玩一組豪華的廚房家家酒和玩一個空空的大紙箱躲貓貓，獲得的樂趣其實差不多。因此為孩子選擇玩具時，可以參考以下建議：

1. 孩子需要的是遊戲，不是玩具。
2. 玩伴比玩具重要。
3. 免費的大紙箱和豪華的玩具組有相同的樂趣，而且不怕壞。
4. 對孩子來說，你手上的東西最好玩，所以慎選手上拿的東西。

• 該不該給孩子零用錢？

當我們要進行某種教養策略時，首先要思考的是，在這樣

的理念下，孩子可以學到的事情是什麼。當我們開始思考是否
該給孩子零用錢，想要讓孩子學習的事情是什麼？同時也要考
慮到孩子的特質，是否能達到你想要的目標。例如：若我們想
要讓孩子學習良好理財的概念，像是正確使用金錢、儲蓄、適
當購物、延宕滿足、組織規劃等能力，讓孩子管理自己的金錢
是個好方法。但若孩子的能力尚未成熟到具備上述的能力，家
長就能理解孩子為什麼總是一下就把錢花光或買不需要的東西。

　　當我們要給孩子零用錢的時候，可以先檢視自己的理財概
念是否恰當，及可以接受孩子如何運用金錢。建議是在給孩子
零用錢之前，就要把規則訂好，給了錢之後，就由孩子全權負
責，增加孩子成功學習的機會。

教養
小遊戲

遊戲名稱：冒險旅行去

★ 目的：了解需求小遊戲／學習規劃／學習
理財概念
（建議年齡：8 歲以上）

教養小遊戲 QR code

道具準備：名片卡、簽字筆

✂ 道具製作：

（用簽字筆寫上卡片資訊：卡片類型、內容、金額）

1. 天數卡：第一天、第二天、第三天、第四天、第五天

2. 固定行程卡（各5張）：早餐、午餐、晚餐、住宿

3. 旅行事件卡：

衣物類（6張）：衣服濕了、天氣變冷、鞋子壞掉了、衣服太小件、褲子破掉了、鞋子被偷走

行動類（6張）：走路很累、移動到下一個景點、出去買東西、火車坐錯站、公車坐錯方向、司機載錯地點

禮品類（6張）：本來就想買、購買伴手禮給朋友、購買紀念品給家人、看到就想買、隨便亂買、預計要買

玩樂類（6張）：今天要去哪裡呢？

4. 解決辦法卡：

食物類（10張）：自己準備（0元）X（2張）、吃便當（10元）X（3張）、小吃店（30元）X（2張）、簡餐店（50元）X（1張）、大餐廳（80元）X（1張）、豪華飯店（100元）X（1張）

衣物類（10張）：二手衣物／拖鞋（10元）X（3張）、平價衣物／涼鞋（30元）X（3張）、流行衣物／運動鞋（50元）X（2張）、名牌衣物／名牌鞋（80元）X（1張）、高級服飾／限量鞋（100元）X（1張）

住宿類（10張）：睡車上（0元）X（1張）、住朋友家（10元）X（1張）、露營（20元）X（2張）、住民宿（30元）X（2張）、飯店家庭房（50元）X（2張）、飯店豪華房（80元）X（1張）、飯店總統套房（100元）X（1張）

行動類（10張）：走路（0元）X（2張）、搭公車（10元）X（2張）、開車（30元）X（2張）、搭火車（50元）X（2張）、坐高鐵（80元）X（1張）、坐飛機（100元）X（1張）

禮品類（10張）：紀念小物（10元）X（2張）、當地小吃（20元）X（2張）、豪華的玩具（30元）X（2張）、精緻的禮品（50元）X（2張）、高級藝品（80元）X（1張）、豪華禮盒（100元）X（1張）

玩樂類（10張）：看風景（0元）X（2張）、逛動物園／博物館（20元）X（2張）、普通娛樂（抓娃娃、夜市遊戲）（30元）X（2張）、中等娛樂（親子樂園、看電影）（50元）X（2張）、高級娛樂（賽車樂園半日券）（80元）X（1張）、豪華娛樂（樂園一日遊）（100元）X（1張）

遊戲方式

卡片預計排列／抽取方式：天數卡（第一天）→固定行程卡（早餐）→旅行事件卡（隨機）→固定行程卡（中餐）→旅行事件卡（隨機）→固定行程卡（晚餐）→旅行事件卡（隨機）→固定行程卡（住宿）。

1. 準備空白紙一張，每人起始有 500 元的旅費（或可自訂），依照旅程的進行，扣除旅費。

2. 將所有「旅行事件卡」及「解決辦法卡」，按照類別，正面朝下，隨機堆疊。

3. 首先在桌面排列卡片兩張：天數卡（第一天）→固定行程卡（早餐）。

4. 抽取一張「解決辦法卡（食物類）」，擺在早餐卡上面，依照上面的金額，扣除旅行經費。

5. 隨機抽一張「旅行事件卡」，擺在早餐卡後面，按照「旅行事件卡」的類型（例如：衣物類），抽取一張相同類型的「解決辦法卡」（例如:二手衣物／拖鞋），依照上面的金額扣除旅行經費。

6. 再排列一張「固定行程卡（中餐）」在第一張「旅行事件卡」後面，抽取一張「解決辦法卡（食物類）」，擺在中餐卡上面，依照上面的金額，扣除旅行經費。

7. 隨機抽一張「旅行事件卡」，擺在中餐卡後面，按照「旅行事件卡」的類型，抽取一張相同類型的「解決辦法卡」，依照上面的金額扣除旅行經費。

8. 再排列一張「固定行程卡（晚餐）」在第二張「旅行事件卡」後面，抽取一張「解決辦法卡（食物類）」，擺在晚餐卡上面，依照上面的金額，扣除旅行經費。

9. 隨機抽一張「旅行事件卡」，擺在晚餐卡後面，按照「旅行事件卡」的類型，抽取一張相同類型的「解決辦法卡」，依照上面的金額扣除旅行經費。

10. 再排列一張「固定行程卡（住宿）」在第三張「旅行事件卡」後面，抽取一張「解決辦法卡（住宿類）」，擺在住宿卡上面，依照上面的金額，扣除旅行經費。

11. 旅費用盡則遊戲結束，第一天結束若旅費仍有剩餘，則可向第二天旅程邁進（卡片抽取的順序同第一天），玩家可比較誰的旅程走得比較長遠。

教養小遊戲網址：https://tinyurl.com/y5xf7p3e

教養小故事：捷運上的紅椅子

　　一個晴朗的午后，空氣有些悶熱，坐在等候發車的捷運上，冷氣正在強力放送，頭頂的冷列和門邊的暖意形成微妙的觸覺競爭。車上的旅客三三兩兩，無人交談，有著一種夏日的寧靜、時空凝固的錯覺。一位匆匆上車的少婦攪動了時空，捷運關門的警示聲突然響起，捷運正在緩緩啟動。少婦的手中抱著一位相貌清秀的幼童，在少婦身上哭成淚人兒，抽抽噎噎的試圖和少婦說話：「媽……媽……下次……紅椅子……要給我坐……好……不……好……」，少婦冷冷的回應：「那是我的紅椅子。」孩子彷彿沒有聽到媽媽的回應，看著媽媽的臉，斷斷續續的說著：「媽……媽……我要聽妳說……下次……紅椅子……給我坐……」媽媽仍用理智且清楚的口氣回應：「那是我的紅椅子。」試圖轉移孩子的注意力，「你要不要喝點水，睡一下。」孩子不買單，反而加大哭泣的音量，媽媽有些心急：「我跟你說過那是我的椅子，你要這樣吵到別人，我們現在就下車。」孩子轉小了音量，但哭泣得更急促，把媽媽抱得更緊，委屈的說著：「我不要下車……」少婦一臉無奈，輕輕的拍著孩子。

★ 教養重點：

- 如何與固執的孩子溝通？
- 孩子到底想說什麼？為什麼這麼堅持？
- 規定就是規定，通融就是輸了？

模擬小劇場－－如何與固執的孩子溝通

1 熟悉孩子的規則，預告會面臨的情境。

 （冷靜媽）等一下我們會去一間餐廳吃飯，有紅色的椅子，也有藍色的椅子，媽媽知道你喜歡坐紅色的椅子，但如果坐不到紅色的椅子，我們就只能坐藍色的。

（介入要點：了解孩子的原則，告知會遇到的狀況，及處理的方式，避免使用「探問」的方式，因為問他好不好，他的答案肯定是不好，而我們也無法照他的回答做，反而讓孩子陷入一種「你問我的意見，但我的意見又沒用」的無助感中。）

 （堅持孩）可是我只喜歡紅色的椅子，沒有紅色椅子我就不想去了。

2 用其他感興趣的話題轉移注意力。

 （冷靜媽）你年紀還太小，沒辦法一個人在家，一起吃飯的人也有你認識的，有兔兔阿姨、搞笑叔叔，樂樂和妮妮也會來。

（介入要點：引導孩子思考除了對紅椅子以外，其他可關注的事物，例如：現場其他有趣的事物、可從事的有趣活動等，增加孩子彈性思考及注意力轉移的能力。）

（堅持孩）樂樂和妮妮也會來嗎？那我們吃完飯可以一起完寶可夢嗎？

 （冷靜媽）吃完飯就可以玩，你也可以問樂樂和妮妮想玩什麼。

（介入要點：孩子心中有既定的計畫，但別人不一定照著計畫走，提醒一起遊戲時也要注意其他人的需求。）

 （堅持孩）可是我看到別人坐紅色的椅子，我還是會很想坐。

3 降低孩子對無法達成堅持的焦慮

 （冷靜媽）對阿，因為你真的很喜歡紅色的椅子，覺得是最棒最好坐的椅子。

（介入要點：同理孩子堅持的內在感受。）

 （堅持孩）其他的椅子都不好坐。

 （冷靜媽）有沒有什麼東西陪你坐，會讓你覺得比較舒服、快樂一點。

（介入要點：協助孩子找到放鬆的方法。）

　　（堅持孩）我想帶小青蛙去。

　　（冷靜媽）有小青蛙在會讓你很安心。

（介入要點：肯定孩子的選擇。）

　　（堅持孩點點頭）嗯。

　　（冷靜媽）可是小青蛙是陪你睡覺的，而且他太大隻，我怕不小心掉下去就弄髒了，回來要幫他洗澡就不能陪你睡覺了。

（介入要點：若選擇不合時宜，提醒可能會遇到的狀況。）

　　（堅持孩有些失落）那還是不要好了。

　　（冷靜媽）有沒有什麼東西是小一點，也可以陪你的？

（介入要點：引導思考較適合的選項。）

　　（堅持孩）寶可夢比較小，不過我還是比較想帶小青蛙。

　　（冷靜媽）我覺得寶可夢很適合，你可以帶個幾隻，不僅可陪你吃飯，吃飽飯後還可以問樂樂和妮妮要不要一起玩。

（介入要點：肯定及增加此選項的附加價值，增加思考彈性。）

（堅持孩）好吧。

（冷靜媽）那我們就出發吧。

4 鼓勵嘗試新的事物，增加彈性。

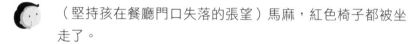（堅持孩在餐廳門口失落的張望）馬麻，紅色椅子都被坐走了。

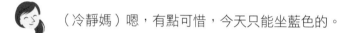（冷靜媽）嗯，有點可惜，今天只能坐藍色的。

（堅持孩目光一直離不開紅色的椅子，嘴裡唸著）我想坐紅色的椅子。

（冷靜媽）你看！兔兔阿姨叫我們過去，樂樂和妮妮也在那邊了。

（介入要點：轉移孩子對堅持物的注意力。）

堅持孩眼睛看向樂樂和妮妮，冷靜媽牽著堅持孩跟友人寒暄，順勢讓孩子坐上藍色的椅子。

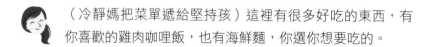（冷靜媽把菜單遞給堅持孩）這裡有很多好吃的東西，有你喜歡的雞肉咖哩飯，也有海鮮麵，你選你想要吃的。

（堅持孩仔細的看著菜單上的圖片）我想吃雞肉咖哩飯。

等待用餐時，堅持孩專心玩著寶可夢小玩偶，用完餐後，跟樂樂和妮妮開心的聊天及玩小遊戲。

5 增加孩子對彈性選擇後的正向經驗

（冷靜媽）我覺得你今天很棒，願意試試看藍色的椅子，結果也不錯。另外，也吃到喜歡吃的咖哩飯，還跟樂樂和妮妮玩得很開心。

（堅持孩）嗯，好像還不錯。

家長還想問

·孩子到底想說什麼？

溝通是一項複雜的發展歷程，溝通的過程中，我們會先判斷對方的理解能力，用其能夠理解的方式進行溝通；但對語言能力尚在發展的孩子來說，常面臨的難題是用有限的詞彙拼說想說的話，結果通常是同一句話陷入跳針狀態，或是越說越亂、越亂越想哭。

想要了解孩子想要表達什麼，除了對孩子生活習性的理解、

冷靜的傾聽外，「猜」的功夫也很重要；猜錯了，孩子會覺得被誤解而挫折，猜對了，孩子會覺得被理解而親近。當你猜對了，不妨讓孩子學習正確的表達方式，跟著說一次，他的溝通能力就能更進步囉！

‧ 孩子為什麼這麼堅持？

堅持度是孩子先天的一種氣質表現，堅持度高的孩子，對事物總是努力不懈，但有時會讓人感到固執，堅持度低的孩子，可能對事物總三分鐘熱度，但相對生活也充滿彈性。這是一種先天的特質，只要善加利用其特質，總可為孩子找到屬於他自己的一片天。

‧ 規定就是規定，通融就輸了？

許多家長會訂立許多規則，幫助孩子建立生活規範及端正行為，有時會忽略孩子的發展階段及能力是否可達成。堅持度高的家長在執行規則上明確，說一是一，說二是二，當孩子也有自己的堅持或是天生個性散漫的孩子，家庭總是在上演「你說、我聽、辦不到」的劇碼，家長會覺得如果因為你辦不到就修改規則，那就是「輸了」，原則必須貫徹執行。其實在教養的世界裡沒有「輸贏」，只有「疏離」，教養的負向結果讓親

子關係疏離，適當的教養方式讓親子關係親密。

　　當我們在乎在原則的戰爭中誰輸誰贏，很容易忽略了正在漸行漸遠的親子關係，當孩子大到有自己的想法，維持表面和諧的孩子可能是「陽奉陰違」，真性情的孩子可能就是「正面對決」，這都不是我們想要的結果。所以當下次我們又在為孩子違反規定而惱怒時，不妨開一場家庭會議，進行一場雙向溝通，理解孩子的難處，了解孩子無法達成的原因，並表達規定的重要性，共同將規定擬定成可執行的內容。

教養小遊戲

遊戲名稱：口是心非

★ 目的：增加孩子彈性思考的能力
　 道具準備：準備各種不同顏色的色卡

教養小遊戲 QR code

遊戲方式

＊初階玩法

（建議歲數：5 歲以上）

將所有牌面朝下，放成一堆，玩家依序抽卡片，卡片翻面時要叫出該卡片以外的顏色。（例如：翻到紅色的卡片，要講紅色以外的顏色。）

＊進階玩法

（建議歲數：7 歲以上）

1. 將所有牌面朝下，放成一堆，玩家依序抽卡片，卡片翻面時要叫出該卡片以外的顏色。

2. 講的顏色不能和前一個人一樣。

＊高階玩法

（建議歲數：10 歲以上）

1. 將所有牌面朝下，放成一堆，玩家依序抽卡片，卡片翻面時要叫出該卡片配對的顏色。
　 （例如：藍色－黃色；黑色－白色；紅色－綠色。）

2. 講的顏色不能和前一個人一樣，若沒有顏色可說要說「PASS」。

教養小遊戲網址：https://tinyurl.com/y53hcbot

教養故事：老人與孩子

傍晚時分，家家戶戶飄來飯菜香，小傑牽著媽媽的手，蹦蹦跳跳的走在巷子裡，趁著中秋長假，一家人開車回老家過節。小傑媽心中有些忐忑不安，婆家是傳統家庭，婚後因雙方工作的關係居住外地，家裡三番兩次希望他們可以將工作調回南部，雖然表面上沒有明說，但兩老也經常透露想要一起住的期待。

家族對長孫小傑的出生充滿期待，小傑還小的時候，只要回老家，孩子幾乎不會在自己的手上，由各路四面八方湧入的親戚輪番上陣抱小孩，你一言我一語，教導這個新手媽媽怎麼帶孩子。她擔心著年幼的孩子抵抗力低，怕被大人傳染病菌，或是帶出去發生危險，但又礙於尊重長輩，無能為力的感覺及壓力，讓小傑媽整日神經緊繃，幾乎沒有一刻放鬆。現在雖然孩子大了，但只要回婆家，這種神經緊繃的感覺又會再度浮現。

小傑媽遠遠的看見婆婆站在家門口與鄰居聊天，小傑大叫一聲「阿嬤」便鬆開手往前奔去，已經忘了媽媽剛剛才交代「巷子車子很多，不要亂跑，要牽大人的手」。小傑媽問候了一下鄰居，看著婆婆叫了聲「媽」，但婆婆卻一臉心疼的看著小傑說：「看你都沒有肉，媽媽都沒給你吃東西喔！」再語重心長的對

媳婦說「他穿這樣太少，這樣不行啦，怎麼做媽媽的。」婆婆
擁著小傑笑呵呵地說：「阿嬤給你好好補一補，我有買你最喜
歡吃的布丁，等一下先吃一個。」小傑媽一時之間五味雜陳，
不知道該說什麼，還是回應什麼的表情，只能吞下想說的話，
默默目送祖孫兩人的背影進屋。

★ 教養重點：

- 怎麼面對長輩不同的教養意見？
- 老人家意見很多，亂教／餵怎麼辦？

模擬小劇場－－怎麼面對長輩不同的教養意見？

1 行前規劃及教育

冷靜媽推算著時間，即將來到長假回婆家的日子，此次停留三天兩夜，按照過去的經驗，一大早要起來協助拜拜，然後一連串準備午餐、收拾午餐、準備晚餐、收拾晚餐，還要管小孩及阻擋長輩的糖果餅乾、破壞教養原則的攻勢，搞得比上班還累！基於花錢消災，冷靜媽規劃了兩頓午餐在外用餐及逛街遊玩的行程，也規劃好順道買回晚餐，省去準備餐點及收拾的疲累，接著就要處理最困難的長輩攻勢，他叫來金孫孩。

（冷靜媽）我們這個星期六要回阿公阿嬤家，阿公阿嬤很久沒看到你，會覺得很高興，可能會給你好吃或好玩的東西。

（介入要點：說明長輩對孩子的喜愛及表達喜愛的方式。）

（金孫孩）上次阿公説要買變形金剛給我。

（冷靜媽）那阿公一定覺得你表現得不錯，才會想要買給你。

（介入要點：避免孩子將拿禮物視為理所當然，需與正向行為做連結。）

 （金孫孩）阿公自己說的，我也不知道。

 （冷靜媽）可是我不確定阿公還記不記得這件事，有時候事情太多會忘記。

（介入要點：有時大人會一時興起，但卻造成孩子對大人的信任混淆，可提出其他的可能，增加其思考彈性。）

 （金孫孩）如果阿公沒有買就是說話不算話。

 （冷靜媽）阿公可以決定要不要買東西給你，我覺得你只要表現有禮貌、遵守約定，阿公可能會再想到。

（介入要點：不鼓勵孩子向長輩討禮物，但提供可努力的方向。）

 （金孫孩）我覺得阿公應該會帶我去買。

 （冷靜媽）你真的很期待，但我們之前有約定過，其他人要買東西給你要先問過媽媽。

（介入要點：提醒原則及行為約定。）

 （金孫孩）如果阿公直接給我呢？

 （冷靜媽）那我們也說過，回家以後我會先幫你收起來，當作你集點的禮物。

（介入要點：避免行為約定的漏洞，建議物品可集中管理。）

　（金孫孩嘟著嘴說）好啦！

2 **了解長輩的特質，給予適當應對。**

> 長假第一天，冷靜媽進門問候公婆，孩子卻躲在身後，不願意叫人，婆婆的臉色顯得不太開心。
>
> 婆婆是傳統婦女，慣用過去的經驗照顧孩子，過去打理家中一切大小事，雖然一方面想要放下責任享享清福，但又怕不管事後，失去家人的尊重或在家中的地位。

　（傳統婆抱怨著說）你們久久回來一次，孫子都跟阿公阿嬤不親了。

　（冷靜媽微笑表示）不會啦，孩子在家都會跟我說很想念阿公阿嬤，看到又有點害羞。

（介入要點：長輩怕被遺忘，給予安心保證。）

　（傳統婆抱怨著說）阿想念就要常帶回來，每次都藉口不回來。

　（冷靜媽）孩子的爸工作忙，想說讓他多休息，長假就會盡量回來。

（介入要點：長輩心疼子女，給予合理理由，安心再保證。）

（傳統婆語重心長的說）妳要把家顧好，先生在外面放心打拚，就不會那麼累了。

（冷靜媽一邊塞禮物給婆婆）媽，這個醫師有介紹很好的東西，給妳補身體。

（介入要點：長輩的抱怨及碎唸通常是焦慮的表現，適時的轉移注意力，降低其焦慮。）

（傳統婆憂心的表示）先生賺錢養家很辛苦，做太太的不要亂花錢，要多存錢。

（冷靜媽）妳身體健康比較重要，錢有在存，不要擔心。

（介入要點：表達即使不見面也對長輩的重視及關心，安心再保證。）

3 評估可用資源，請求支援。

冷靜媽與婆婆在廚房準備晚餐，公公與孩子在客廳玩耍嬉戲，先生坐在沙發上玩手機。

（金孫孩跑來跟阿嬤撒嬌）阿嬤，我肚子餓了。

（傳統婆笑著對金孫說）桌上有巧克力餅乾，你先拿來吃。

 （冷靜媽冷汗一冒，對孩子說）阿嬤煮了你愛吃的滷雞腿，吃了餅乾可能會吃不下喔！

（介入要點：溫和的向孩子表達立場，避免在孩子面前與長輩發生衝突。）

 （傳統婆護著金孫）吃一點不會怎樣，快去吃。

孩子有點遲疑的看著媽媽，在媽媽犀利的眼光及阿嬤關愛眼神下，怯生生地走回客廳。

 （冷靜媽在心中盤算了一下，趁著做菜的空檔）媽，我去一下廁所喔。

（冷靜媽經過客廳時，把先生叫了過來）你把剩下的餅乾收起來，或是吃光光，不要再讓孩子吃了。

（介入要點：利用可用資源，協助執行教養原則。）

4 事後討論。

折騰了一天，終於結束了一天的活動，家人已經陸陸續續的就寢，孩子卻還在床上跳來跳去，興奮的睡不著。

 （冷靜媽雖覺得疲憊不已，仍耐著性子叫喚孩子過來）我們睡覺前來聊一下。

（介入要點：與孩子討論事情前，盡量讓氣氛輕鬆，提升孩子
談話的動機。）

　（金孫孩仍然在床上跳來跳去）要聊什麼？

　（冷靜媽）你跳來跳去，很難聊天，你先安靜一下，躺平。

（介入要點：協助孩子平靜下來，可專注於談話，給予明確的
行動指示。）

　（金孫孩停下來）可是我還不想睡。

　（冷靜媽）還沒有要睡，先躺一下。

（介入要點：降低孩子的戒心，循序漸進引導情緒平靜下來。）

　　孩子跳到媽媽的身邊躺下，媽媽幫孩子蓋一條薄被在肚子上。

　（冷靜媽慢慢的說）你今天過得如何呢？

（介入要點：建議讓孩子先說，有助於了解孩子的想法及感受。）

　（金孫孩）很高興啊！可以一直玩，而且明天不用上學。

　（冷靜媽）對啊！還可以玩兩天。

　（金孫孩）那換妳說。

（介入要點：在與孩子談話時，盡量養成孩子輪流說話的習慣。）

（冷靜媽）我覺得你今天大部分表現得還不錯，有幫忙拿碗筷及把自己的碗拿到洗碗槽。

（介入要點：進入行為討論之前，建議先說表現良好的地方。）

孩子臉上露出開心的表情。

（冷靜媽）但是你今天晚餐吃得很少，所以吃飯前不能吃點心了。

（介入要點：明確說明行為約定的緣由。）

（金孫孩抗議說到）是爺爺奶奶叫我吃的。

（冷靜媽）如果爺爺奶奶要拿給你吃，那就留到吃完飯再吃。

（介入要點：預想可能會破壞約定的情況及處理方式。）

（金孫孩臉色一垮）好啦！

（冷靜媽）我說完了，你還有想分享的嗎？

（介入要點：預想可能會破壞約定的情況及處理方式。）

（金孫孩有點生氣）不想講了。

（冷靜媽）那我講個故事給你聽，你想聽什麼樣的故事？

（介入要點：協助孩子情緒調節，平靜入睡。）

（金孫孩想了一下）怪獸的故事。

（冷靜媽）從前從前⋯⋯

家長還想問

・老人家意見很多，亂教／亂餵？

　　在教養的過程中，對家長及孩子間的親子關係殺傷力最大的前幾名之一，就是不一致的教養情境。小至路人的隨意示好，大至配偶的意見相左，主要照顧者要如何拒絕及溝通，來堅持自己的教養理念所花費的力氣，可能與教養孩子本身所花的心力不相上下，很想在心中吶喊：「拜託大家放過我，我只想好好教小孩。」教養本身已是一件耗費心力的事情，當我們又花費額外的心力去面對不一致的教養情境，很容易讓我們走向兩種結果：一是放棄自己的教養原則；二是樹敵過多，可用資源耗盡。第一種結果會讓我們擔心孩子從此「長歪」；第二種結果則讓自己與孩子陷在孤島，當自身資源耗盡時，無法求援。

但幸運的是，我們有幾個方向可以避免自己落入二選一的選項中，孩子既不會「長歪」，也不至於讓自己陷入孤立無援的情境中：

方向一：檢視教養原則，將原則分為輕重緩急。

　　建議家長可將自己的教養原則一一列出，這是個很細緻的工作，也些家長會說，我的原則只有一條「要聽話」，過於籠統的原則通常難以遵循及討論，親子衝突及執行挫折率過高。當我們以為自己堅持的原則很少時，從孩子一整天的活動開始思考，細細寫來可能連自己都會訝異，列出上百條可能都不為過。如果每一條都要確實執行，而不受到複雜環境的影響，我想困難度很高，這也是多數家長經常崩潰的原因。如果我們幫部分原則加些彈性，將心力留給堅持最重要的原則，成效會好一些。例如：當我們看見孩子被長輩餵食餐前點心（不影響生命安全），只好加快下次攔截的速度，這次就當吃下的是長輩的關愛，而非故意破壞教養原則的舉動而耿耿於懷。

方向二：了解孩子的特質，穩定親子關係。

　　學齡前的孩子，世界很單純，只有你和他。無庸置疑，能夠影響他行為與情緒表現最多的人，就是與他朝夕相處的主要照顧者。如果您剛好是孩子的主要照顧者，這是很值得恭喜的

一件事，因為不管是路人還是偶而出現的親朋好友，不一致的教養情境都算得上是「偶發事件」，真正會影響孩子的還是照顧者本身的特質，所以不管是路人白眼孩子的哭鬧行為，還是長輩揍地板為孩子出氣，都不至於讓孩子覺得自己是「壞孩子而信心低落」或相信「跌倒是地板的錯」。當我們了解孩子的特質，例如：你了解你的孩子就是個性情中人，想哭就哭，給他一段時間哭泣就會停止。路人的白眼或許會讓你質疑自己的教養方式，但孩子的成長及變化是路人不知道的，這時放空冥想遠離路人會是個好方法。

每天花一些時間與孩子分享生活瑣事、想法及觀點，穩定正向親子關係，從生活中自然而然示範正確的觀念及思辨能力，才是孩子會學到的事情。你會驚訝地發現，孩子有天或許會一臉困惑地對揍著地板的長輩說：「我自己跑太快所以跌倒了，應該跟地板沒有關係。」

教養小遊戲

遊戲名稱：隨便亂想

★ 目的：增加思考彈性，增加問題解決技巧。（當孩子不習慣思考，想法就會變得侷限，此遊戲有助於孩子想法多元）

教養小遊戲 QR code

道具準備：題目卡數張

✂ 道具製作：準備一些有趣的、生活中的題目，寫在卡片上

有趣的題目：怎麼讓綠色的葉子變成紅色、怎麼讓軟軟的衛生紙變得很硬、怎麼把長長的筷子裝進方方的小盒子裡……

生活的題目：在百貨公司和爸媽走散怎麼辦、很想吃點心怎麼辦、寫錯字沒有橡皮擦怎麼辦……

遊戲方式

＊初階玩法	＊進階玩法
（建議歲數：7歲以上）	（建議歲數：10歲以上）
隨機抽卡片，説出解決的方法，每想一個方法可以得一分。	互相出題目，輪流作答，每想一個方法可以得一分。

教養小遊戲網址：https://tinyurl.com/y5xlup5f

教養故事：我沒有朋友

　　小樂是小學一年級的男孩，活潑好動，喜歡交朋友，在公園很容易就和孩子們打成一片，他會牽著女孩的手溜滑梯，和男孩們玩追逐槍戰的遊戲，但也很容易一生氣就離群索居，一個人悶悶不樂的玩沙子。這天小樂媽到學校接小樂，發現小樂背著書包躺在遊戲區的軟墊上看天空，旁邊嬉戲的孩子都從其身邊繞過，小樂看見媽媽來也不如以往開心迎接，嘟著嘴巴垮著臉，拖著步伐緩緩走向媽媽，對同學們的道別充耳不聞，筆直地向校門口。小樂媽邊走路邊問小樂：「你今天心情不太好，發生什麼事了？」。小樂悶悶地說：「今天很倒楣，都沒有人要理我。」小樂媽疑惑地說：「小安剛剛有跟你說再見，你也不理人家。」小樂生氣的說：「我才不要理她。」小樂媽不以為意的說：「好啦好啦，朋友就是這樣，有時候很好，有時候不好，明天就會好了。」小樂臉色更垮了：「我沒有朋友……」媽媽一臉無奈，空氣裡一陣寂靜……

★ 教養重點：

- 孩子說沒有朋友怎麼辦？
- 孩子平常還好，人一多就瘋了，怎麼辦？
- 孩子老說不公平，要怎麼做才公平？

模擬小劇場－－孩子說沒有朋友怎麼辦？

 了解孩子的人際議題

　　冷靜媽觀察孩子今天從學校回來悶悶不樂，趁著晚餐後吃水果的時間跟孩子聊天。

　　（冷靜媽）今天過得如何呢？

（介入要點：開放式的問句，不以詢問負向事件為目的，降低被「質詢」的感覺，讓孩子分享願意分享的事情。）

　　（悶悶孩沉著臉說）今天有點倒楣。

　　（冷靜媽）怎麼說呢？

　　（悶悶孩）都沒有人要理我，他們都不喜歡我。

　　（冷靜媽）聽起來有點難過，發生什麼事情讓你有這個感覺？

（介入要點：讓孩子學習生活中許多事件，通常是一種「感覺」或「想法」，而非「事實」，才有進一步討論或處理的空間。）

　　（悶悶孩）沒有人要跟我玩。

　　（冷靜媽）你是說什麼時候呢？

（介入要點：協助孩子將事件具體化，有助於之後的討論。）

（悶悶孩）遊戲時間的時候。

（冷靜媽）那大家都在做什麼呢？

（介入要點：提供線索，協助孩子還原現場。）

（悶悶孩）他們都在玩自己的。

（冷靜媽）然後呢？

（介入要點：引導孩子說得更多一些。）

（悶悶孩）然後我就想算了，我自己玩就好了。

（冷靜媽）所以遊戲時間的時候，大家都自己玩自己的，沒有人跟你玩。

（介入要點：協助孩子描述事件。）

（悶悶孩）對。

（冷靜媽）沒有人跟你玩的時候，你就覺得大家不喜歡你，有點難過。

（介入要點：協助孩子描述想法及感受。）

　（悶悶孩）嗯。

❷　協助孩子處理人際的負向經驗

　（冷靜媽）想到沒有人喜歡自己，真的會很難過。

（介入要點：同理孩子的感受。）

　（冷靜媽）每次遊戲時間都是這樣嗎？有沒有一起玩的時候？

（介入要點：協助孩子找出不同的例子，避免聚焦在一次的負
向經驗中。）

　（悶悶孩）有時候我們會一起鬼抓人。

　（冷靜媽）其實很多時候，大家也會一起玩，但這一次沒有。

　（悶悶孩）對。

　（冷靜媽）這一次沒有一起玩，就表示大家不喜歡你了。

（介入要點：動搖孩子的負向信念。）

　（悶悶孩有些遲疑）應該是。

（冷靜媽）那我們來動腦想一想，沒有一起玩，除了大家不喜歡你，還有什麼其他可能的原因？

（介入要點：讓孩子練習找出其他的可能性，增加思考彈性。）

 （悶悶孩沮喪的説）我想不出來。

 （冷靜媽）你剛剛説大家都自己玩自己的。

（介入要點：協助孩子從其他的方向思考，大一點的孩子盡量鼓勵自己想，小一點的孩子可能需要給一些引導。）

 （悶悶孩）對阿，他們玩他們想玩的。

 （冷靜媽）所以他們剛好想玩自己的遊戲，就沒有跟你玩了，可能跟喜不喜歡你沒有關係。

（介入要點：降低「個人化」的歸因。）

 （悶悶孩）我還是覺得可能有一點不喜歡我。

 （冷靜媽）那有什麼事情，會覺得大家喜歡你？

（介入要點：讓孩子練習找出正向的例子，增加思考彈性。）

 （悶悶孩）跟我一起玩。

 （冷靜媽）還有呢？

 （悶悶孩）請我幫忙。

 （冷靜媽）我們再多想幾個。

 （悶悶孩）跟我打招呼。

 （冷靜媽）很棒喔，你想了很多個。

所以當有人請你幫忙或是跟你打招呼，就表示他喜歡你，這樣想感覺怎麼樣？

 （悶悶孩臉上有些笑容）還不錯。

 （冷靜媽）那我們把這些想法寫下來，下次試試看感覺怎麼樣。

（介入要點：鼓勵孩子嘗試新的想法。）

冷靜媽在小卡上寫下……

沒有人跟我玩的時候，我可以這樣想：

1. 他們剛好想玩自己的，不是不喜歡我或不跟我做朋友。

2. 有人會請我幫忙，表示有人喜歡我 / 我們是朋友。

3. 有人會跟我打招呼，表示有人喜歡我 / 我們是朋友。

3 協助孩子學習適當人際互動技巧

（悶悶孩把小卡放進鉛筆盒，收起淡淡的笑容）可是他們不跟我玩的時候，我還是會覺得難過。

（冷靜媽）那有什麼方法，會讓你覺得比較不難過。

（悶悶孩）他們來跟我玩。

（冷靜媽）馬上嗎？還是下一次？

（介入要點：了解孩子希望達成的目標。）

（悶悶孩）我希望他們馬上可以跟我玩，或是等一下下。

（冷靜媽）那你有想到什麼好方法嗎？

（介入要點：先鼓勵孩子自己思考。）

（悶悶孩）我不知道。

（冷靜媽）如果你正在專心玩自己的東西，要怎麼知道朋友想找你一起玩？

（介入要點：用互換立場的方式協助孩子思考。）

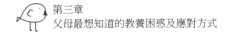
 （悶悶孩）他們會來問我要不要一起玩。

 （冷靜媽）那你要怎麼讓朋友知道，你想要找他們一起玩？

 （悶悶孩）那就要問他們。

 （冷靜媽）對啊！所以如果你不問他們，他們怎麼知道你想找他們玩？

 （悶悶孩）如果問了，他們說不要呢？

 （冷靜媽）你有沒有不想跟別人玩的時候呢？

（介入要點：讓孩子了解每個人有選擇權，培養同理心。）

 （悶悶孩）我想自己玩的時候。

 （冷靜媽）所以每個人都有想要自己玩的時候。

 （悶悶孩）沒人跟我玩，我就會很無聊。

 （冷靜媽）無聊的時候怎麼辦呢

（介入要點：鼓勵思考解決情緒或事件的方案，增加問題解決技巧。）

 （悶悶孩）再去找別人，想要一起玩的。

（冷靜媽）對啊！可以多問幾個，看看有沒有人想要一起玩。

（悶悶孩）問一堆人，結果都沒有人要玩，很麻煩。

（冷靜媽）結果還是一樣很無聊，那怎麼辦？

（悶悶孩）我就自己玩好了，踢球之類的。

（冷靜媽）踢球不錯啊！說不定有人看到你玩，就想玩了，我們就這樣試試看。

（介入要點：鼓勵孩子執行想法，增加正向的預期。）

家長還想問

‧ 孩子平常還好，人一多就瘋了，怎麼辦？

　　面對孩子的人際議題，家長總有擔心不完的事情，擔心害羞的孩子沒朋友，擔心好動的孩子傷別人，沒朋友的孩子怕被霸凌，朋友一堆的孩子怕結黨闖禍。慢熟的孩子有時間可以慢慢教，但對於平常可循規蹈矩，但人一多就跟著起鬨的孩子，情緒與行為一激發就停不下來，失去控制，甚至傷到別人，常讓家長措手不及。面對這一類「人來瘋」的孩子，建議使用「情緒溫度計」的技巧，協助孩子辨識情緒狀態，及適當的因應方式，避免情緒溫度「發燒」、行為控制「失效」：

1. 畫出情緒溫度計

2. 標示各種溫度：例如，最低溫為 0 度，最高溫為 10 度。

3. 討論各種溫度對應的情緒及行為：

　　0 度→平靜，控制良好。

　　3 度→愉悅，控制良好。

　　5 度→高興，稍微失控。

　　7 度→興奮，開始失控。

　　10 度→狂喜，全面失控。

4. 討論各種溫度須採取的降溫技巧

　　0 度→不需降溫。

　　3 度→不需降溫。

　　5 度→提醒其情緒狀態，稍作休息。

　　7 度→提醒其情緒與行為不當，鼓勵至冷靜區降溫。

　　10 度→強制隔離，至冷靜區冷靜降溫。

10（狂喜，強制隔離，至冷靜區冷靜降溫）

7（興奮，提醒其情緒與行為不當，鼓勵至冷靜區降溫）

5（高興，提醒其情緒狀態，稍作休息）

3（愉悅，不需降溫）

0（平靜，不需降溫）

・ 孩子老說不公平，要怎麼做才公平？

在孩子的人際衝突中，抱怨「不公平」稱得上是數一數二的頭痛議題。在處理孩子的「公平」議題，建議要避免落入當「法官」的陷阱裡，因為在任何判決中，永遠都有不滿意的一方。好在孩子的「公平」議題，通常與司法無關，也不需受到眾人的公審及輿論，換句話說，家長不論自覺做了多公正的判定，永遠都有不滿意的孩子。

那當孩子抱怨「不公平」時，如果不處理孩子的「公平」議題，那我們要處理什麼呢？建議可從以下幾點思考：

1. 手足間的紛爭

手足間的紛爭，比同儕間的紛爭好處理，如果公平議題發生在手足，建議交由手足間協調一個方法，若雙方無法協調出良方，家長可提出一方案，而這一方案通常是雙方權益皆會受損，從中再進一步鼓勵孩子間自己協調出方案，否則雙方都會失去權益，例如：孩子們為某物品的使用權爭論不休，爭吵過程中又衍生誰打誰，誰先動手的議題，建議家長可先鼓勵孩子們協調出使用時間，並明定只要有打架議題，此項物品的使用權歸家長，直到他們可承諾不動手及適當的使用方式，才可再度使用。

2. 同儕間的紛爭

　　如果公平議題發生在同儕，可能還要考慮同儕及對方的家長特質。如果是情節輕微的公平事件，例如：誰不遵守輪流的規則或占用過多的遊戲時間，可鼓勵孩子思考與之協商的技巧；若對方無法溝通，則鼓勵採取一起遊玩之外的選項。如果是情節稍微嚴重的公平事件，例如：「他先罵我，我輕輕碰他一下，他就用力推我，害我跌倒」，如果落入誰先動手，誰該道歉，怎樣判定才公平，那真是沒完沒了。如果被推倒的一方，剛好體型瘦弱，有強勢的家長，那事件就可大可小。所以孩子的戰爭，只要有家長的介入，就變得複雜，通常結果是幫不了孩子什麼。建議家長，多觀察自己孩子的特質，及預想可能會發生在孩子身上的人際衝突，可利用生活事件（例如：新聞事件），告知可能造成的後果，及預防的方式，降低人際衝突的發生。

遊戲名稱：不能說的秘密

★ 目的：衝動控制小遊戲
道具準備：無
道具製作：無

教養小遊戲 QR code

遊戲方式

說一段話或唸一段故事，選擇一個關鍵詞彙，用代號或動作取代。

＊初階玩法

（建議歲數：6 歲以上）

利用小紅帽的故事，只要唸到「小紅帽」就要用「大黑鞋」取代，也可設定用動作「在頭頂比一個三角形」取代，不能唸出正確名稱。

＊進階玩法

（建議歲數：8 歲以上）

利用小紅帽的故事，相互替換故事主角名稱，例如：唸到「小紅帽」要說「大野狼」，「大野狼」要說「老奶奶」，「老奶奶」要說「小紅帽」，增加遊戲的難度。

＊高階玩法

（建議歲數：10 歲以上）

將生活中常見的名稱，例如：你、我、他，用自創詞彙及語調取代，「你」→「矮拗」，「我」→「屋辣」，「他」→「黑謬」，開始進行日常對話，最先說錯的人為輸家，另一人獲勝。

教養小遊戲網址：https://tinyurl.com/y58w89jk

教養故事：隨時隨地暴怒一下

　　診間來了一位媽媽，21、22 歲左右，身形瘦小，清秀容貌下透著疲倦的神情，身著輕便上衣、棉質長褲及運動鞋，身後跟了一位小男孩，約莫 3 歲，稚嫩的臉龐透露著不安的神情，用躲藏的眼神回應我的問候。「多可愛的小男孩啊！」我心想。在遊戲室和孩子互動時，孩子很快可以熟悉環境，開心的笑著玩耍，和一般的孩子一樣。他們離開後，母親和我電話聯絡，母親顯得很無力，表示孩子經常無法控制情緒，遇到任何不如意的事情或甚至無緣無故，就會開始大哭大鬧，好說歹說或乾脆不理他都一樣，一小時停都停不下來，不知道該怎麼辦。和孩子幾次互動後，漸漸建立了一些默契，孩子會開心地和母親談笑及分享自己的進步，看似一切進展都在預期之中，一個特別的事件，讓母親又幾近崩潰。這天孩子不同以往，獨自先來到遊戲室，反常地對任何事情都不滿，在互動中開始情緒失控，攻擊所有可見之物，就連隨後進入遊戲室的母親也遭受拳打腳踢及口水攻擊，母親一頭霧水，但疑惑的反應很快被無力感取代，母親無力地趴在桌上，拒絕與孩子對視，絕望的表示「他就是這樣……」

★ **教養重點：**

- 孩子大哭大鬧停不下來該怎麼辦？
- 小孩哭，我也很想哭，該怎麼辦？
- 哭成這樣正常嗎？

模擬小劇場——孩子大哭大鬧停不下來該怎麼辦？

1 協助孩子冷靜下來

冷靜媽看著眼前失控的小孩，正以毀滅世界之姿破壞眼前的一切，包括母親的耐心與慈愛。冷靜媽先閉眼深吸幾口氣，然後小心閃過四處亂飛的玩具，逐步收起堅硬物品及移開危險的家具，細心地留下孩子最愛的布偶及柔軟的小毯子，等待可以介入的時機。

（冷靜媽等待孩子停下動作的空檔）我知道你現在很生氣，沒辦法冷靜。

（介入要點：讓孩子知道你有注意到他的情緒狀態。）

（激動孩繼續歇斯底里的丟著東西即一邊吼叫）我討厭媽媽，你不要過來。

（冷靜媽）我知道有事情讓你很生氣，我很想聽你說發生了什麼事。

（介入要點：讓孩子知道你努力要了解他的情緒。）

（激動孩眼淚鼻涕齊飛的吼叫著）我才不要跟妳說～哼！

（冷靜媽）等你想說的時候我再聽你說，不過要先等你冷靜下來我才有辦法跟你討論。

（介入要點：降低孩子覺得要交代事情的壓力，但也要明白情緒激動時沒辦法處理任何問題。）

 （激動孩一邊丟出一個玩偶一邊叫著）妳走開～～

 （冷靜媽）我等一下就會出去，要注意不要讓自己受傷，你可以抱抱玩偶或毯子，會舒服一點。

（介入要點：說明安全的原則，提供孩子可讓情緒緩和的方法。）

 （激動孩邊哭邊拿起自己小毯毯）妳走開啦！

 （冷靜媽）我就在外面，你覺得好一點的時候可以出來吃吃東西。

（介入要點：說明陪伴的方式，讓孩子感到安心，當孩子成功冷靜時，可提供正向回饋，例如：喜歡的食物或擁抱，鼓勵冷靜的行為。）

2 了解情緒失控的原因

房間的動靜少了一些，這時冷靜媽用餘光瞄到了門口的動靜，孩子抱著小毯毯，臉上掛著鼻涕眼淚，正在探頭探腦。

　　冷靜媽起身到浴室拿了條濕毛巾，靜靜地走到孩子身邊。

　　（冷靜媽用濕毛巾幫孩子擦了把臉）你幫自己冷靜下來了，我覺得很棒。

（介入要點：正向肯定孩子幫助自己冷靜的行為。）

　　（冷靜媽順勢抱了孩子一下）我們過去吃點東西，有你喜歡的烤番薯，熱熱的喔！

（介入要點：孩子在大發脾氣之後，心中可能充滿不安，擔心被父母責備或遺棄，但當孩子失控而父母仍能冷靜面對時，正是孩子最佳的安全感來源。）

　　激動孩愉快的吃著烤番薯。

　　（冷靜媽）你想要說說看剛剛發生什麼事嗎？

（介入要點：評估孩子已處在平靜狀態，協助孩子描述及討論情緒事件。）

　　（激動孩）我亂發脾氣。

　　（冷靜媽）每個人都可以發脾氣，只是要注意不要讓自己或別人受傷，我相信你有很重要的理由所以才發脾氣。

（介入要點：讓孩子了解情緒感受是一種自然的狀態，不需要刻意表現正向情緒或抑制負向情緒。）

 （激動孩）我忘記了。

 （冷靜媽）那我來猜猜看，如果猜對了，你就點點頭。

（介入要點：孩子可能會不想或逃避討論，可鼓勵及協助孩子覺察引發情緒的情境。）

 （激動孩咬下一口番薯，自然擺動雙腳）嗯。

 （冷靜媽）跟我有關係嗎？

 （激動孩有些不安，眼睛看向別處）有一點。

 （冷靜媽）我說了什麼話讓你覺得生氣嗎？

 （激動孩點了幾下頭）對。

（介入要點：用循序漸近的方式引導孩子回想情緒事件，降低討論的焦慮感，增加孩子的討論動機。）

 （冷靜媽）我不太知道自己說了什麼讓你生氣，你說說看好嗎？

（介入要點：即便知道可能引發情緒的原因，還是鼓勵孩子自己說出來。）

 （激動孩義正嚴詞的表示）妳剛剛叫我收玩具，我都要收了，妳還一直說。

 （冷靜媽）那我知道了，你已經要收玩具了，我還一直叫你收，讓你覺得很煩，很生氣。

 （激動孩）而且還罵我，講很大聲。

 （冷靜媽）講得很大聲，讓你覺得好像被罵，都要收玩具了還被罵，所以有點委屈。

 （激動孩委屈的點點頭）對。

（介入要點：讓孩子了解同樣的行為表現可能代表著不同的情緒內涵，例如：憤怒、委屈、害怕的情緒都有可能以「生氣」的形式來展現。）

3 討論情緒事件及未來因應

 （冷靜媽）那我下次要叫你收玩具，要怎麼說才不會讓你覺得被罵？

 （激動孩）妳說一次就夠了，我就會收了。

（冷靜媽）我說一次以後，發現你都還沒開始收，那要怎麼辦呢？

 （激動孩）那就再等一下，我就會收了。

 （冷靜媽）一直等，我不知道要等到什麼時候。

 （激動孩）最後我就是會收。

 （冷靜媽）我們來定一個時間，三分鐘以內我會好好說，提醒三次。

（介入要點：具體說明規則，讓孩子沒有鑽漏洞的機會。）

 （激動孩）如果我還想玩呢？

 （冷靜媽）等你收好以後，再討論下次玩的時間。

（介入要點：討論可能遇到執行困難的因應方式。）

 （激動孩抗議的表示）那我就不要收了。

 （冷靜媽）三分鐘以內收好，我都會好好說，而且你可以獲得收玩具點數一點。

 （激動孩眼睛一亮）有點數喔？

（介入要點：利用點數增加孩子從事正向行為的動機。）

 （冷靜媽）對，獎勵你聽到馬上做，但是三分鐘以後，我
會把玩具沒收，想要再玩，一樣要找我討論。

（介入要點：說明未依照行為約定的處理方式，需要面臨的行為
後果。）

 （激動孩表情一沉）反正我還有其他的可以玩。

 （冷靜媽）是沒錯，但如果你還想玩沒收的玩具，你就要
拿收好的玩具來換。

（介入要點：告知行為後果。）

 （冷靜媽）你希望我好好說，還是直接沒收？

（介入要點：給予二選一的選擇，讓孩子可同意約定事項，孩子
同意之後，孩子才會有意願執行，行為約定才會成立。）

 （激動孩有些不甘心的表示）妳好好說就好。

 （冷靜媽邊寫下約定事項邊說）那我們就說好了，我會把
約定事項寫起來，你看我寫得對不對。

約定事項：三分鐘以內把玩具收好。

獎勵：點數一點。

違反：沒收玩具。

（激動孩）對。

（冷靜媽）我現在就很想讓你先得一點，我們來練習一下，那我會好好地說。

（冷靜媽輕聲地說）請你把玩具收一收，這樣的音量有算好好說嗎？

（介入要點：尊重孩子覺得不舒服的感受，達成修正的共識。）

（激動孩笑了一下）有。

激動孩起身去收玩具，冷靜媽等其完成立即給一點獎勵。

（介入要點：立即執行，增加成功執行的正向經驗。）

3 教導如何覺察及處理自己的情緒

（冷靜媽）還有一件事情，我覺得也很重要。

（激動孩疑惑的看著媽）什麼？

　（冷靜媽）你情緒激動的時候都沒有辦法討論事情，也不知道可以幫你什麼，要怎麼幫你冷靜下來呢？

（介入要點：說明情緒冷靜的重要性。）

　（激動孩）我也不知道。

　（冷靜媽）其實很多時候情緒太激動的時候，想停下來都停不下來。

（介入要點：同理孩子的情緒表現，說明情緒過於激動通常難以控制。）

　（激動孩點頭表示）對啊！

　（冷靜媽）所以我會在你一點點生氣的時候先提醒你，要怎麼提醒你比較好呢？

（介入要點：說明介入的時機點。）

　（激動孩）我不知道。

　（冷靜媽）什麼東西讓你覺得很舒服，或是心情好呢？

（介入要點：尋找可協助情緒冷靜的方式。）

（激動孩開心的表示）我最喜歡小青蛙，還有抱著小巾睡覺很舒服。

（冷靜媽）好，下次如果你覺得有點生氣，可以去抱抱小青蛙或小巾，看看會不會好一點，我也會提醒你。

（介入要點：說明協助孩子情緒冷靜的方式。）

激動孩跑去拿了小青蛙，滿足地抱了一下。

（冷靜媽）我喜歡你現在的樣子，可以冷靜地討論事情，我也覺得很開心。

（介入要點：表達正向感受，修復關係，讓孩子獲得冷靜後討論的正向經驗。）

家長還想問

‧ 小孩哭，我也很想哭，該怎麼辦？

　　家長是天職，也是一個沉重的負擔，面對無理取鬧的老闆、不合理的工時，我們可以抗議、可以辭職，但卻辭不了家長的職務。面對哭鬧不休的孩子，用盡全力安撫、管教也無濟於事時，除了懷疑自己的能力及價值，更想要一起大哭。希望孩子不要再哭，希望孩子自己長大成熟，還有什麼可做的嗎？面對

哭鬧的小孩，以下三點幫助您思考當下可做的事情：

1. 孩子有生理病痛嗎？

　　尤其對語言尚未發展成熟的幼兒來說格外重要，哭泣是一種生理狀態的警訊，就算僅是表達飢餓，經常性地忽略，也可能造成營養不良或是養成不安全的的依戀關係，有害於幼兒的身心健康發展。對於年幼孩童的哭鬧，幾乎輕忽不得，建議疲憊的家長可多尋求替手（配偶、有經驗的親友、醫療資源），讓母親的身心獲得部分支持，避免讓自己陷入孤軍奮戰。

2. 孩子的哭鬧行為有危害自己及他人的安全嗎？

　　當孩子的語言或認知發展趨近成熟，也排除了生理病痛造成的哭鬧行為，所有的哭鬧行為都像是火災，不管起火的原因為何，總有燒盡的一天，如果自己不是一位有經驗且設備齊全的消防員，貿然衝進火場必然會造成嚴重傷亡。建議沒有設備的家長，先幫孩子關條防火巷（例如：帶到安全的環境），避免造成他人財物損失（例如：損毀商家物品、叨擾他人聚會時光），等烈火燒盡時，再幫助孩子重建火場，討論原因，及避免下次的火災發生。

3. 自己即將崩潰嗎？

　　當面對孩子的哭鬧，無助感油然而生時，建議家長先檢視

自己的情緒狀態，避免比孩子更先崩潰；這不是一場崩潰大賽，最先崩潰的人也不會是最大贏家，贏得孩子的冷靜及尊敬。崩潰大賽中，人人都是輸家，輸得最慘的是親子關係。避免崩潰大賽成立的最好方式，就是退賽，試著將自己從孩子哭鬧的場域中脫離，我們可透過冥想、轉移注意力、放鬆活動（例如：上個廁所洗把臉、喝杯茶、看個影片、小睡片刻），讓自己的身心狀態重回平靜的狀態，有些時候，孩子透過學習，或許也會跟著冷靜下來。

• 哭成這樣正常嗎？

每位孩童的哭鬧功力不同，每位家長可以忍受孩子的哭鬧程度也不同。在以往的臨床經驗中，會因為孩子的哭鬧行為來就醫的家庭，通常是孩子出現嚴重的攻擊行為，家長無法管教，少數是哭到停不下來，讓家長感到心疼，多數的問題，在經過有效的親子溝通及適當的教養方式後，都可獲得改善。每一種情緒都有它的功能存在，也都具有意義，要怎麼符合文化及社會規範來展現，就是需要學習的方式。因為每個人的情緒敏感度、強度及持續度都不同，因應不同的需求及環境，每個孩子哭鬧的展現也都不同，與其問正不正常，不如問自己有沒有辦法處理，如果沒有辦法處理，專業人士的協助就是一個好辦法。

教養小遊戲

遊戲名稱：東摸摸西摸摸

★ 目的：自我安撫小遊戲／增加觸覺專注力

教養小遊戲 QR code

道具準備：小紙箱（大約 30cmX30cm）、各種觸感素材（冷、熱、軟、硬、粗糙、光滑、毛茸茸、黏答答、輕輕的、蓬鬆的⋯⋯）

✂ 道具製作：

1. 製作摸摸箱：將紙箱上面開個小口，可將手掌伸入。

2. 製作各類觸感素材（建議）
   冷：冰寶
   熱：暖暖包
   軟：漿糊（用夾鏈袋裝一小包）
   硬：石頭
   粗糙：砂紙
   光滑：玻璃珠（塗油）
   毛茸茸：絨毛玩具
   黏答答：黏黏手／球
   輕輕的：防撞泡泡（網購包裏裡通常會有）
   蓬鬆的：棉花

遊戲方式

＊玩法

1. 請孩子閉起眼睛，用各種素材觸碰孩子的手臂，讓孩子說說看是什麼感覺，喜歡或不喜歡。

2. 將所有素材放進摸摸箱裡面，請孩子摸摸看，猜猜看裡面有什麼東西。

3. 雙人遊戲時，每人限時 3 秒鐘輪流摸摸看，猜對多的獲勝（要先猜是什麼再拿出來，正確命名才能得分）。

教養小遊戲網址：https://tinyurl.com/y32csw3l

第四章

最實用的教養技巧：
幫助孩子的正向行為與情緒調節

家庭代幣制度、我好冷靜區，都是父母在
教養上可以善用的工具與方法，只要清楚
規則，再做適合調整，定能減少在教養上
和孩子產生的對立、紛爭，親子關係亦能
更緊密，教出好孩子更容易。

家庭代幣制度

　　正確地使用家庭代幣制度，不僅可以幫助孩子建立生活常規、增加情緒調解技巧，運用得宜還能有效改善行為問題。接下來，就要教導父母們，如何正確使用家庭代幣制度，讓孩子不覺得是賄賂，以及使用代幣制度最常遇到的問題、解決方案，讓孩子不賴皮、鑽漏洞、不甩代幣制度。

家庭代幣制度

＊ 代幣制度介紹

　　代幣制度通常廣泛被應用在生活中，小至個人的健康管理（例如：減重五公斤，買新衣獎勵自己），大至商業應用（例如：用集點的方式增加消費者購買行為）。在學校中也經常用來獎勵學生的正向行為，在筆者的國小記憶中，多數的小朋友都為了收集「獎勵卡」上的點數而努力，獲點的方式五花八門，包括考試成績、幫老師做事、熱心公益……等，確切要做些什麼

其實已不太記得，定奪全在班級導師；一張獎勵卡要收集 100 點才算完成，收集 10 張獎勵卡後，可獲得最終榮耀。通常調皮的學生很難集點，所以過得很自由自在；在早期注重學業成績的年代，成績好的學生很容易集點，在收集獎勵卡的過程中會覺得有成就感，但快要集滿時反而會有些焦慮，甚至假裝都只有集滿九張，因為最終榮耀是跟校長合照。

在筆者的國小時期，對於代幣制度的感覺就是，集點的過程很有趣，因為當老師給點的時候覺得被肯定，但有沒有因此增加自己努力或正向的行為，其實很難說，因為**孩子的特質不同，需要努力的程度也不同，再加上獎勵品也是執行動機的重要因素之一，因此針對孩子的個別狀況訂製專屬的代幣制度，才能較有效的協助孩子增加正向行為。**

在臨床經驗中，也遇到許多家長在執行代幣制度上遇到挫折，認為這種獎勵的方式對修正孩子的行為無效，而拒之千里。但與家長細談之後，會發現許多家長其實對於代幣制度是一知半解，包括：目標訂得太高、孩子愛鑽漏洞、給點時數落孩子、點數被扣到變負數，孩子放棄了、甚至家長覺得太麻煩自己放棄……所以，當我們有機會與熟知此技術的專家討論，建立適合孩子的代幣制度，通常都可有效幫助孩子建立或增加正向行為。

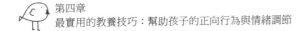

✱ 家庭代幣制度實施步驟及要點

步驟一：討論約定的行為

（1）先觀察孩子的行為表現，擬訂要修正或建立的行為。

（2）約定的行為可包括：生活常規（刷牙、洗澡、收拾書包等
　　　等）、情緒控制（主動到房間冷靜）、降低行為問題（別
　　　人說話時安靜聽）

（3）使用的描述方式以正向為主，例如：要修正孩子的插話行
　　　為，建議使用「輪流說話」，而非「不插嘴」。

（4）行為目標要符合孩子的能力可及的範圍。

（5）要具體說明，包括那些狀況不算通過，必要時帶著孩子做
　　　一次。

步驟二：家長與兒童討論一份「獎項清單」，數量建議至少 10 個，包括三種類型

（1）類型一（小獎）：用少許點數就可兌換的獎項，例如：看
　　　卡通 10 分鐘。

（2）類型二（中獎）：需要花幾天收集點數才可換得，例如：
　　　玩一場想玩的遊戲（夜市套圈圈、抓娃娃）。

（3）類型三（大獎）：要花許多努力收集點數，孩子非常想要
　　　的獎勵，例如，非常想要的玩具、吃大餐等。

（4）依照獎項的價值排列（例如：遊玩的時間由少到多，或價
　　　格由少到多）。

（5）依照個別的家庭狀況，給予能力範圍內可提供的獎勵。

（6）此獎勵品要獲得家長及孩子雙方的同意。

獎勵品類型參考：

- 消費性獎勵：喜歡的食物或物品（可用價錢的多寡來決定需要累積多少點數）。

- 活動性獎勵：從事喜歡的活動（例如：自由玩樂的時間或安排半日旅遊）。

- 持有性獎勵：可保管喜歡的物品一段時間。

- 社會性獎勵（喜歡對象）：口語讚美、擁抱。

步驟三：決定每種約定行為相對應的點數

（1）請家長評估兒童「努力程度」與「給予點數」是否成正比，例如：孩子原本早晚都沒有確實刷牙的習慣，想讓孩子養成早晚確實刷牙的習慣，建議點數的給予可分成早上刷牙給一點、晚上刷牙也給一點，比起早晚都要刷才給一點，更能增加孩子執行的動機。

（2）越困難完成的任務，建議可用循序漸進的方式，當孩子達成目標時可以獲得較多的點數。例如：想要養成孩子每天練鋼琴 30 分鐘的習慣，可鼓勵孩子持續練 20 分鐘可獲得一點，若再多 10 分鐘可額外再獲得一點。

（3）當兒童逐步達成時，可適時給予口頭讚賞，並鼓勵兒童往下一個點數目標邁進。

（4）小一點的孩子可給予實體點數（例如：玩具硬幣），大一點的孩子可用貼紙或畫記號，記錄在醒目的記錄紙上（例如：月曆）。

步驟四：決定每種獎項相對應的點數及兌換

（1）按照孩子的能力計算孩子一天、一周或一個月最多可獲得多少點數，來決定每種獎項要用多少點數來換。

（2）決定兌換點數的時間，例如：每天、每周或一個月換一次。

（3）對於較無法延宕滿足的孩子，每天有機會兌換一次小獎，有助於提升正向行為的養成。

（4）鼓勵孩子兌換點數，當孩子有成功的兌換經驗，此系統才有機會運作起來。

（5）鼓勵孩子儲蓄點數，建議孩子可將每天獲得的點數（例如：1/3）儲蓄起來，來換得更大的獎項。

最重要最終步驟：檢閱孩子執行的狀況，一段時間後做適度的調整

（1）行為目標的調整：當某個行為孩子已經執行得很好，可增加難度，鼓勵孩子做進階的挑戰，但若某個行為一直無法得點，則可考慮降低其難度，增加孩子的成功經驗。

（2）酬賞物的調整：當孩子已經有成功兌換的經驗，可依照雙方的需求調整適合的酬賞物，保持孩子的行為改變動機。

（3）親子互動的調整：檢視執行過程中是否有維持正向的親子溝通與互動，包括：遇到困難時如何協助與討論、給予獎勵時是否氣氛和諧、互相學習適合的溝通方式。

使用代幣制度最常遇到的問題及解決方案

1. 目標訂太高

　　在與孩子討論要達成哪種行為目標前，要先觀察孩子的行為表現，包括頻率及強度，例如：同樣是賴床的行為，是每天賴床，還是一周會賴床三天、每次賴床 10 分鐘，還是沒打算要起床。訂立的目標則要考慮孩子是否有能力達成，建議須循序漸進，例如：對於每天賴床到一覺不醒的孩子，若訂立的目標是從今以後一叫就要起床，我想對孩子來說，因為太難達成，繼續睡是比較愉快的選擇。以這個例子，比較好的目標行為可訂為「鬧鐘響後 10 分鐘內起床即可得 1 點」，待孩子連續一段時間皆可達成後，可將目標縮短為「鬧鐘響後 5 分鐘內起床即可得 1 點」，或更進階「鬧鐘響 1 分鐘內起床即可得 1 點」。

　　在計畫施行的初期，建議要盡量讓孩子有成功的經驗，雖然我們希望孩子靠自己的力量起床，但在還沒養成自己起床的習慣之前，我們可用一些方法輔助，讓孩子可以成功起床，例如：目標是 10 分鐘內成功起床，我們可以將室內的燈光調亮，每隔幾分鐘輕拍孩子、擦臉、提醒集點有獎勵，鼓勵孩子起床，待一段時間孩子可成功起床之後，再減少輔助，鼓勵獨立完成。

2. 行為目標不明確，孩子無所適從

要訂立行為目標時，需要依照孩子可理解的方式，具體說明，包括怎麼樣做叫做達成目標，或不算達成目標，避免規則有模糊地帶，造成執行時的紛爭。例如：想要養成孩子自己整理書包的習慣，將規則訂為「自己整理書包」，孩子可能認為書有放進書包就算完成，但父母則是要求只要帶隔天上課的書、文具及物品，包括餐袋及水壺，隔日不需要的課本、已經用過的物品及教具則不需要帶；若在執行前，沒有明確說明，孩子可能覺得我每天都有放書進去，家長則覺得沒有做好而不給點數，既不能達到行為目標，反而造成親子紛爭。以這個例子，較好的做法是：

（1）具體說明行為目標：

　　　例：「自己整理書包」：

　　　☑ 自己完成。

　　　☑ 每天要帶：水壺（水裝滿）、餐袋（乾淨的餐盒、餐具）、
　　　　鉛筆盒（鉛筆、橡皮擦、尺）、聯絡簿、作業本。

　　　☑ 依照課表，將隔天需要的課本放進去，拿出不需要的課本。

　　　☑ 依照聯絡簿，帶需要的教具。

（2）使用輔助技巧幫助記憶：可將具體內容用文字清單或圖畫
　　　清單讓孩子做勾選，幫助順利達成。

（3）帶著孩子做幾遍：在行為建立的初期可以帶著孩子做幾次，

讓其熟悉內容，再鼓勵獨自完成。

（4）固定時間地點：在建立行為時，建議找出固定的時間及地點，例如：睡前的10分鐘在書房裡、吃完晚餐後在客廳裡，有助於建立行為。

3. 執行者太忙

代幣制度要能成功執行的要點之一，就是要有良好的執行者，但若執行者太忙，無法好好監督孩子是否確實做到，或是依照當日的溫度、濕度及心情而標準不一時，往往會造成代幣制度失敗的風險，例如：執行者因為太忙碌而未記錄孩子是否有完成目標行為，隔了數日後再討論是否有完成，這時才給點數或不給點數，往往增強行為的效力已經降低，甚至可能會造成孩子有漏洞可鑽，不確實執行也會獲得點數，或是確實做好了，卻被質疑的負向感覺。強烈建議，依照具體的行為規則，在完成的當下確實給點數，才能有最好的行為養成效果。

4. 獎勵方式孩子不感興趣

很多家長在聽到用鼓勵的方式建立孩子好行為時，最常聽到的疑惑之一就是：「這些事情孩子本來就該做好，為什麼我要『賄絡』他去做？」我們也只能很同理又耐心的向家長解釋，**我們也希望孩子可以自然而然、自動自發、自我發展出這些好行為，但孩子天生氣質不同，也需要透過觀察學習、有效的環**

境觸發及養成這些好行為；更多時候，若能良好執行代幣制度，**是促進正向親子關係及溝通的契機，幫助我們與孩子之間有更好的溝通。**

曾經遇過一個很可愛的孩子，向我抱怨家長只願意給他「一片口香糖」當獎勵，但也同時跟我分享他行為有進步的喜悅。但不是所有的孩子都像這個孩子一樣樂天，每個孩子的家庭狀況也有所不同。

代幣制度成功與否，獎勵品在初期占了很重要的角色，可以有效增強孩子是否願意進入此系統的意願，若孩子對獎勵品不感興趣，他大可過跟以前一樣的生活，比起要努力做些什麼，被碎唸或懲罰忍一時就過了，比較輕鬆。**在臨床經驗中，若孩子能成功進到代幣制度中，除了原先設定的獎勵品，其實他們最大的收穫是，「相信自己有能力做好」的自信心，**這樣的正向經驗讓孩子在生活中並不總是挫折，當孩子的好行為被家長關注時，也有助於正向親子關係的發展。

我好冷靜區

我們可以忍受嬰兒的哭鬧，甚至覺得有些可愛，但隨著孩子年紀越大，哭鬧的技能彷彿上過哭鬧訓練班，不管是高八度狂吼或是地上翻滾捶打技巧，如果這是一場表演，觀賞者應該會給予熱烈掌聲，讚嘆各種特殊技巧的展現，但大多時候的觀賞者是家長，通常也只能咬牙切齒忍住從孩子頭上巴下去的衝動。

孩子的情緒風暴

我們會困惑孩子的情緒究竟是怎麼回事？為何會需求不被滿足，甚至是不明就裡就大發雷霆；也不明白家裡的大人都溫文儒雅，有話大家好好講，怎麼孩子一生氣就像龍捲風一樣，彷彿要測試家中所有物品及家長的耐受度。有些家庭會遵循老人家的古法，覺得被超自然力量影響，帶去收驚或在家弄些儀式安（大人的）心。比起超自然的力量，筆者較敬畏大自然的

力量。先不管超自然還是大自然，我們可從孩子情緒發展的角度，來了解及協助孩子度過情緒風暴。

依據過去相關的嬰幼兒情緒研究，我們可以從四至六個月大的嬰兒觀察到生氣的情緒，恐懼及害怕等負向情緒在嬰幼兒六個月大也可以明顯觀察到；但情緒調節的能力卻要仰賴認知功能的成熟，包括：能夠意識到自己的情緒狀態、良好的衝動控制能力、降低對情緒刺激馬上做出反應、用轉移注意力的方式，或重新思考對事件的感受及想法，來降低負向的感受。這些能力的發展，每個孩子的時程不同，嬰幼兒可能會轉移注意力的方式（例如：轉開頭），來避免害怕的東西；大一點的孩子若被禁吃零食，他可以用調整想法的方式（例如：其實也沒有很想吃），來降低失落的感覺。當孩子的這些能力尚未成熟前，家長可運用一些策略協助孩子處理情緒，就像是幫孩子「外掛」能力，讓孩子有機會學習如何適當處理負向情緒。

幫助自己及孩子情緒冷靜的有效方法

✱ 轉移注意力的練習

我們通常會發現，當一個年紀小的孩子哭鬧時，往往會不知道自己為何而哭，可能也搞不清楚原本的訴求是什麼，有些

家長會為了停止孩子的哭鬧，自我解讀孩子的需求是什麼，給予滿足而停止鬧劇。但很多時候會發現，即使給予了看似他想要的結果，也不見得能讓孩子停止哭鬧，不管給予什麼，得到的回應可能就是一邊哭鬧一邊跳針說「不要」。

在這個例子中，或許家長有猜對孩子的訴求，但孩子可能早就哭到不知道自己在幹嘛，這類的孩子通常有情緒強度強及難以安撫的特質，建議家長要熟知孩子的情緒刺激源（例如：容易受賣場的玩具、遊戲、零食誘惑，卻又無法獲得時），當靠近這些刺激源時，要注意孩子的情緒反應，當孩子尚未情緒高張之前，就可練習轉移其注意力（例如：給予目標任務，找南瓜在哪裡）。

＊ 情緒覺察的練習

當孩子理解力足夠時，可以協助孩子覺察自己的情緒狀態，例如：「當你說話變快、變大聲，表示你有些生氣，我們可以說慢一點、小聲一點，這樣才可以溝通。」有些孩子的表達能力較不足，較無法有效的回顧情緒事件，家長可以幫助孩子拼湊出完整的樣貌，讓孩子練習說說看，增加孩子的情緒覺察能力，例如：「妹妹拿走我的玩具，我很生氣。」有時候是更複雜的情緒，例如：「妹妹拿走我的玩具，我很生氣搶回來，結

果妹妹哭了，我怕被罵，所以也哭了。」當孩子可以完整地說出情緒事件，通常也較有機會冷靜下來，與家長討論適當的因應方式。

✽ 衝動控制的練習

當孩子熟知哪些情境會引發情緒，也可覺察自己的情緒狀態時，可在「危險情境」出現前提醒孩子可能有的情緒反應，並教導孩子隨時評估自己的情緒強度。家長可以帶著孩子做想像的練習，小一點的孩子可以用圖畫輔助這個想像練習：

第一步：請孩子想像自己是一座火山，大部分的時候是一座平靜的火山。但這座火山會因為生活中不愉快的事情而「火山爆發」，我們用 1～5 分來代表火山爆發的程度。

第二步：協助孩子列出每個階段代表的不愉快事件，例如：

　　　1 分（平靜的火山）：沒什麼特別的事情。
　　　2 分（冒小煙的火山）：被要求寫作業、背書。
　　　3 分（冒大煙的火山）：被要求去洗澡。
　　　4 分（噴小火的火山）：卡通看到一半被關掉。
　　　5 分（噴大火的火山）：被別人誤會、同學說我壞話。

第三步：說明火山爆發會帶來的「災難（後果）」，例如：喜愛的活動被暫停、父母生氣、失去朋友、東西壞掉等等。

第四步：請孩子想像一個火山爆發暫停鍵，當火山即將爆發時，

想像在心中按下暫停鍵，例如：先深吸一口氣，告訴自己要冷靜，想像按下暫停鍵。

第五步：與孩子一起討論可幫助火山降溫的「冷靜活動」，例如：離開現場、上個廁所、洗把臉、喝水、抱毯子／玩偶、玩玩具、到冷靜區、找人抱怨等。

第六步：運用想像和角色扮演的方式，鼓勵孩子練習「想像暫停」及「冷靜活動」。可結合家庭代幣制度，當孩子成功冷靜時，可給予點數，鼓勵控制情緒的行為。

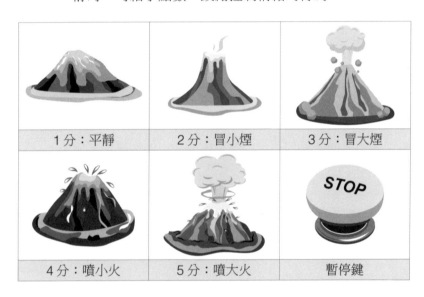

1分：平靜	2分：冒小煙	3分：冒大煙
4分：噴小火	5分：噴大火	暫停鍵

✳ 彈性思考的練習

我們會發現有些孩子在情緒當下，幾乎無法接受其他的選項，即便這個新選項比其堅持的選項更好也無法接受。例如：公園的溜滑梯因為維修無法使用，孩子也不願意到另一個有豪華遊戲區的兒童館而大哭大鬧。面對有這樣特質的孩子，平時可與孩子做「彈性思考」的練習，例如：請孩子多列出幾個好玩的地方，每個地方的特色，或是一些有趣的回憶（好笑的事情、認識的朋友），當選項一不能執行時，還有選項二、選項三可選擇，每個選項都有其優點，有助於增加孩子的彈性思考及問題解決的能力。這樣的練習也可以應用在各類的事情，例如：吃不到想吃的東西、正在看電視卻被叫去做事情、忘記帶上課用品等等。

如何設置冷靜區，如何使用？

在行為改變技術中，針對孩子較嚴重的行為問題（像是打人、連續反抗大人命令……），會建議使用「暫時隔離法（Time out）」，但沒有專家的指導下，多數的家長會因為遇到多種無法處理的情況（例如：孩子的強力反抗、沒有時間一直監督孩子是否確實執行……），而無法有效實施這套技術來協助孩子矯正行為。

暫時隔離法的實施目的，通常是要讓孩子知道自己因為某種不良行為，必須接受處罰，會喪失某些原有的權力，例如：暫時離開好玩遊戲，當孩子一直不肯確實執行時，也可能會錯過整場遊戲。

在多年帶領兒童團體及與家長討論如何協助孩子冷靜的經驗中，針對孩子的情緒問題，筆者較建議**使用「冷靜區」來替代「暫時隔離法的隔離椅」，設置的目的也有所不同，主要是可以協助孩子將情緒冷靜下來，而非以處罰為目的。**在許多情緒管理的書籍中，也會提到如何讓自己的情緒冷靜下來，一個安全舒適的空間通常會有很大的幫忙。

　　因此在任何情境中，若有一個地點，當我們覺察到情緒高張時，可以暫時躲在裡面，讓自己感到安適及冷靜，有助於提升情緒調解技巧。我們可針對孩子的特質及需求，布置這個冷靜區，同時也要讓孩子明白，這個區域是幫助他冷靜，而非處罰作用，讓他相信自己有力量及能力幫助自己冷靜下來，增加情緒控制的成功經驗。

✳ 家庭中的冷靜區

（1）安靜不會被他人打擾的空間：自己的房間、遊戲角落、客廳一角等地方。

（2）設置感到舒適的物品：玩偶、玩具（避免尖銳、堅硬物品）、小被被、小枕頭、故事書……

（3）平時家長可在這個區域與孩子互動，例如：遊戲或說故事，讓孩子在這個區域中有正向親子互動的連結。

（4）在啟用冷靜區之前，要向孩子說明冷靜區的使用方式，目標是幫助他冷靜情緒。例如：他可以抱抱玩偶、玩玩具或是看看書，甚至小睡一下。

（5）在冷靜區內允許情緒的展現，當成功停止哭鬧後，可以從冷靜區出來繼續活動。

（6）鼓勵孩子運用冷靜區的物件讓自己冷靜下來，避免說教或責罵。

（7）當孩子成功將情緒冷靜下來時，記得給孩子一個肯定或擁抱，強化其成功控制情緒的行為。

＊ 公共場合的冷靜區

（1）觀察當孩子情緒失控時，是否有適合的冷靜區，例如：戶外較隱蔽的角落、無人使用的閒置空間等等。

（2）若無適合的特定空間，也可陪伴孩子散步一段路，鼓勵孩子看看路邊的風景，或逛逛超商轉移注意力。

（3）鼓勵孩子帶著可讓自己情緒安定的物件，例如：貼身的小玩偶。

（4）帶著孩子做冷靜的「儀式」，例如：深呼吸、算步數等等。

好學習 065

機智的育兒生活指導手冊：
資深兒童臨床心理師分享有智慧的教養建議，用對話練習和親子遊戲，幫助大人教好孩子。

與 0-6 歲學齡前孩子的對話技巧及遊戲教養

作 者	吳怡賢	
顧 問	曾文旭	
出版總監	陳逸祺、耿文國	
主 編	陳蕙芳	
文字編輯	翁芯琍	
封面設計	李依靜	
內文排版	吳若瑄、李依靜	
圖片來源	圖庫網站：shutterstock	
法律顧問	北辰著作權事務所	

印 製	世和印製企業有限公司
初 版	2021年12月

（本書為《關於教養這件事：資深兒童臨床心理師帶你理解原生家庭、婚姻關係對教養的影響，並提供解決之道》之修訂版）

出 版	凱信企業集團—凱信企業管理顧問有限公司
電 話	（02）2773-6566
傳 真	（02）2778-1033
地 址	106 台北市大安區忠孝東路四段218之4號12樓
信 箱	kaihsinbooks@gmail.com

定 價	新台幣349元／港幣116元
產品內容	1書

總 經 銷	采舍國際有限公司
地 址	235 新北市中和區中山路二段366巷10號3樓
電 話	（02）8245-8786
傳 真	（02）8245-8718

國家圖書館出版品預行編目資料

機智的育兒生活指導手冊：資深兒童臨床
心理師分享有智慧的教養建議，用對話練
習和親子遊戲，幫助大人教好孩子。／吳
怡賢著. -- 初版 . -- 臺北市：凱信企業集
團凱信企業管理顧問有限公司，2021.12
　　面；　公分
ISBN 978-626-95103-9-9（平裝）

1. 育兒 2. 親職教育

428　　　　　　　　　110018407

凱信企管

用對的方法充實自己，
讓人生變得更美好！

凱信企管

用對的方法充實自己，
讓人生變得更美好！